千金子

看麦娘

狗尾草

画眉草

1

双穗雀稗

马 唐

2

荠 菜

石龙芮

一　年　蓬

泥　胡　菜

空心莲子草

3

印度蓼菜

刺 儿 菜

抱茎苦荬菜

4

风化菜

波斯婆婆纳

泽漆

5

小　藜

龙　葵

藜

6

牛繁缕

苍耳

繁缕

7

通 泉 草

葎 草

鼠 麹 草

鳢 肠

播娘蒿

萹蓄

地锦

打碗花

9

猪殃殃

反枝苋

马齿苋

灰绿藜

铁苋菜

凹头苋

野西瓜苗

11

酸模叶蓼

香附子

碎米莎草

异型莎草

菜田除草新技术

编著者

刘新琼　石　鑫　薛　光　王　诚

王小平　纪明山　李秀红　桑芝萍

李伟芳　李云锋　马建霞

金盾出版社

内 容 提 要

　　本书以图文并茂的形式,对菜田主要杂草的形态特征、分布状况和适用的除草剂进行了介绍,并对各类蔬菜地杂草的综合防除技术作了详细的阐述。主要内容包括:菜田杂草的发生特点,菜田常见杂草的分类,各类蔬菜地杂草的综合除草技术,菜田除草剂的使用技术以及除草剂药害的识别和药害防治等。内容丰富,通俗易懂,实用性强,是广大菜农、农业技术人员的必备参考书。

图书在版编目(CIP)数据

　　菜田除草新技术/刘新琼等编著．—北京：金盾出版社,
2002.1
　　ISBN 7-5082-1694-6

　　Ⅰ．菜…　　Ⅱ．刘…　　Ⅲ．蔬菜园艺-除草　　Ⅳ．S630.5

　　中国版本图书馆 CIP 数据核字(2001)第 058545 号

金盾出版社出版、总发行
北京太平路 5 号(地铁万寿路站往南)
邮政编码:100036　电话:68214039　68218137
传真:68276683　电挂:0234
彩色印刷:北京 2207 工厂
黑白印刷:北京 3209 工厂
各地新华书店经销
开本:787×1092 1/32　印张:5.875　彩页:12　字数:118 千字
2002 年 4 月第 1 版第 2 次印刷
印数:11001—26000 册　定价:7.00 元

目　录

第一章 概　述

　　蔬菜是人们一日不可或缺的副食品,其重要性居诸多副食品之首。随着我国社会经济的快速发展和人们生活水平的提高,蔬菜种植面积不断扩大。据统计,全国每年种植蔬菜面积近 700 万公顷,已成为仅次于水稻、麦、玉米、大豆之后的第五大作物。

　　蔬菜田土壤肥沃,水分充沛,它既适宜于蔬菜生长,亦为杂草的繁衍创造了有利的生态环境。蔬菜田杂草的危害是夺取蔬菜高产优质的主要障碍之一。

一、我国蔬菜田杂草的分布、危害与发生特点

　　为了有效地控制蔬菜田杂草的危害,首先必须了解蔬菜田杂草的种类、分布以及发生特点。

(一)我国蔬菜田杂草的分布

　　根据唐洪元、石鑫对全国不同气候带的 28 个大、中城市千余块蔬菜田杂草的调查,我国蔬菜田草害面积约 625 万公顷,占蔬菜种植面积的 89.3%,其中中等以上危害面积达 67.8%。全国性危害的蔬菜田杂草有马唐、凹头苋、稗草、马齿苋,危害面积为 120 万公顷左右。此外,暖温带以南的牛筋草,亚热带以南的千金子、香附子、双穗雀稗、空心莲子草以及地区性杂草如南亚热带的胜红蓟,北方的藜、小藜、反枝苋、田旋花,温凉地区的辣子草等均有较大面积的危害。

根据我国自然条件和主要大、中城市蔬菜栽培的特点,我国的菜田杂草大致可分为 7 个类型。

1. 东北温带单作蔬菜田草害区

该区夏季短,冬季长,全年无霜期 140 天左右,冬季绝对低温在 -30℃ 以下。蔬菜一年一熟。主要蔬菜有大白菜、甘蓝以及早春在温室育苗后夏天移栽到大田的番茄、黄瓜等茄果类蔬菜。该区菜田草害主要集中在夏秋间。根据黑龙江省哈尔滨市郊菜田调查,草害面积达 94%,中等以上危害达 82%。主要杂草有马唐、马齿苋、稗草、藜、灰绿藜、反枝苋、龙葵、凹头苋等。该区冬季很冷,杂草不能发生,秋天所发生的杂草也不能越冬。在辽宁省沈阳市菜田虽发现有看麦娘、繁缕等南方越冬杂草,但不危害菜田。

2. 华北暖温带蔬菜田草害区

该区四季分明,冬季气温较低,最低温度 -15℃～-20℃,全年有 200 多天无霜期,一年能种植春夏和早秋两季蔬菜。主要蔬菜有早春的茄果类及秋天的白菜、甘蓝、萝卜等。春天除部分早栽的大蒜、马铃薯田内有少量小藜、灰绿藜、藜的危害外,杂草主要发生在夏天。根据对北京市郊区菜田调查,早春菜田杂草危害面积达 90%,中等以上危害面积达 64%;夏秋蔬菜田草害面积达 90%,中等以上危害面积达 78%。主要杂草有马齿苋、牛筋草、凹头苋、灰绿藜、旱稗、绿狗尾、马唐、藜等。

3. 长江中下游亚热带三作蔬菜田草害区

该区四季分明,各季节长短相近,春夏季气温高,光照足,降水多,茄果类、豆类、叶菜类等蔬菜种类繁多,是菜田杂草主要危害期;秋季蔬菜种类亦不少,其杂草种类和春夏季相似;冬季气温不低,有菠菜、青菜、大白菜、甘蓝等耐寒蔬菜种植,杂草危害不严重。根据对上海、武汉、成都等地的菜地调查,夏秋菜田杂草危害面积达 94%～96%,中等以上危害面积达 68%～82%;主要菜田杂草有千金子、马唐、凹头苋、牛筋草、稗草、细叶千金子、空心莲子草、香附子等。冬春菜田草害面积达 68%～71%,中等以上危害面积达 38%～48%;主要杂草有牛繁缕、看麦娘等冬季杂草及小藜等早春杂草,总的危害较夏秋为轻。

4. 华南多作蔬菜田草害区

（1）热带菜田草害亚区　该区年平均气温为 23℃～25℃,全年无冬季,仅有较短的春、秋季和漫长的夏季,全年可种植番茄、黄瓜等瓜果类及青菜、甘蓝等叶菜类和四季豆等豆类。由于降水量集中在春夏之间,加上气温适宜杂草发生,因此杂草危害主要集中在夏季。根据对海南省海口市和三亚市等菜田的调查,草害面积达 88%～94%,中等以上危害面积达 52%～75%;主要杂草有牛筋草、稗草、马齿苋、腋花蓼、千金子、刺苋、香附子、凹头苋、草龙以及喜热的白花蛇舌草、龙爪茅以及喜湿的碎米莎草、飘拂草等。

（2）南亚热带菜田草害亚区　该区年平均气温在 21℃以上,冬季短暂,全年基本上无霜。根据对广东省广州市和广西壮族自治区南宁市郊区菜田的调查,夏季菜田草害面积分别达 82% 和 84%,中等以上危害面积达 58% 和 56%。主要杂草有千金子、马唐、凹头苋、牛筋草、马齿苋、碎米莎草等;白花蛇舌草、龙爪茅等热带杂草虽然有分布,但对菜田不构成危害。冬春菜田草害面积达 52%,中等以上危害面积达 22%,主要杂草有牛繁缕、看麦娘、早熟禾、裸柱菊等。

5. 云南高原蔬菜田草害区

该区各地处于不同海拔高度,但大多数位于海拔 1 000～

2 000 米之间,属一年三作北亚热带气候。根据对贵州省贵阳市和云南省昆明市郊区菜田的调查,夏秋菜田杂草危害面积达 70%~90%,中等以上危害面积达 38%~50%;主要杂草有马唐、凹头苋、小藜、田旋花、马齿苋、辣子草等。由于该区海拔较高,夏季不热,牛繁缕、看麦娘、小藜等冬、春杂草可在夏季菜田危害。

该区低海拔地区如云南省元谋县海拔仅为 980 米,属热带或亚热带气候,无冬季,12 月份至翌年 1~2 月份可在露地种植番茄、黄瓜等喜温蔬菜,是我国的自然温室。主要杂草有小藜、藜、羊蹄等。龙爪茅、胜红蓟、稗草、牛筋草、马唐等夏季杂草能安全越冬。但海拔 2 700~3 000 米的禄劝县却属寒温带气候,其杂草为尼泊尔蓼、欧洲千里光、苦荞等高寒地带杂草。

6. 黄土高原单作蔬菜田草害区

该区海拔较高,纬度偏北,降水量稀少(年降水量在 400 毫米左右),属单作菜区。主要蔬菜有大白菜、萝卜以及早春温室育苗初夏移栽的茄果类蔬菜。根据对山西省大同市和陕西省延安市的调查,草害面积平均达 65%,中等以上危害面积平均达 39%。主要杂草有藜、驴耳草、西伯利亚蓼、灰绿藜、马齿苋、反枝苋等。

7. 西北单作蔬菜田草害区

(1)高寒菜田草害亚区 该区指海拔在 2 000 米以上的高寒地带,生长季节仅 130 天左右,蔬菜不能越冬。主要蔬菜有白菜、甘蓝、萝卜、马铃薯以及温室栽培夏季移栽的番茄、黄瓜等茄果类。根据对陕西省西安市郊区菜田的调查,草害面积达 76%,中等以上危害面积达 52%。主要杂草有灰绿藜、藜、荠菜、繁缕、宝盖草、田旋花等。

(2)内陆菜田草害区 该区海拔在 100～2 000 米,纬度偏北,昼夜温差大,冬天绝对低温为 $-30℃～-40℃$,降水量少,年降水量在 400 毫米以下,是典型的内陆性气候。主要蔬菜有大白菜、甘蓝、葱、蒜、马铃薯以及温室育苗夏季移栽的茄果类作物。根据对新疆维吾尔自治区乌鲁木齐市郊区的调查,菜田草害面积达 94%,中等以上危害达 72%。菜田主要杂草有稗草、冬寒菜、反枝苋、凹头苋、马齿苋、绿狗尾、藜等。

(二)蔬菜田杂草的危害

蔬菜田土壤肥沃,灌溉条件良好,如控制不好,会造成各种杂草的旺盛生长。据石鑫对上海市郊区蔬菜田的调查,该地区有杂草 118 种,分属 31 科 83 个属,其中 81.52% 为旱田杂草,18.42% 为水田杂草。蔬菜田杂草对蔬菜的危害是多方面的。

1. 降低蔬菜产量与质量

在蔬菜田,杂草与蔬菜共生,在养料、水分和阳光等需求上发生竞争,从而降低了蔬菜的产量和质量。据上海农科院植保所试验,当马铃薯田杂草达一级危害时产量损失 6.08%,二级危害时产量损失 22.67%,三级危害时产量损失 36.44%,四级危害时产量损失 41.18%,五级危害时产量损失 65.81%。据北京农科院植保所试验,整个蔬菜生长季节都有杂草,不进行防除,移栽甘蓝约减产 35%,芸豆减产 41%,黄瓜减产 43%,移栽番茄减产 53%,胡萝卜减产 39%～50%,大蒜减产 89%。据初步估算,在现有的各种防除措施(主要是人工防除及化学防除)下,由于杂草的危害,造成蔬菜产量的损失达 10%～20%。

杂草除了对蔬菜产量具有重大影响外,还明显地影响蔬菜品质,如叶菜类的变老,茄果类的变小,豆类的秕荚等都会影响上市率和出口率。

2. 耗费大量的除草劳力

为了保障蔬菜产量,蔬菜田普遍进行人工除草或机械除草,其用工约占整个蔬菜种植管理总用工的40%。一些散播蔬菜田草苗同时生长,人工除草的劳动尤为繁重。上海市郊区有2万公顷蔬菜,复种指数以4计算,仅除草1次,每年则需60万个劳动力(平均每个劳力每天除草1 334平方米),按菜农每个劳力10元计,则全市仅除草1次,费用就达600万元。近年来在一些地区采用电力化学除草方法,节省了劳力,但农药、机械损耗等开支却十分巨大。此外,收获的蔬菜如夹杂有杂草还得一一剔除,同样耗费劳力。

3. 某些有毒杂草对人、畜造成危害

菜田常见的有毒杂草问荆的有毒物质为硅酸,蓖麻的有毒物质为蓖麻素,曼陀罗的主要有毒物质为闹羊花碱、东莨菪碱和颠茄碱,龙葵的有毒物质为龙葵碱。这些杂草被人和家畜误食后,都会引起不同程度的中毒,甚至会造成死亡。

4. 有些杂草是作物病虫害的媒介

许多农田杂草是作物病虫害的中间寄主。例如小旋花、马唐等140多种杂草为温室白粉虱的中间寄主;紫花地丁、车前、夏枯草是棉蚜的中间寄主;刺儿菜为马铃薯块茎蛾的中间寄主;藜、车前、荠菜为霜霉病的中间寄主;看麦娘是稻飞虱、稻叶蝉、红蜘蛛等害虫的越冬寄主,也是矮缩病的中间寄主。

5. 检疫性杂草影响出口创汇

国家根据植物检疫法规,把有害、有毒杂草列为检疫对象,严禁进出口,如出口蔬菜中夹带有毒麦、中国菟丝子等,将会遭遇退货、索赔等巨大经济损失。

（三）我国蔬菜田杂草的发生特点

由于蔬菜品种繁多,栽培方式复杂,轮作倒茬频繁,间作套种普遍,决定了蔬菜田杂草具有以下几个发生特点。

1. 草害发生的普遍性

蔬菜田杂草发生普遍,可以说凡是种植蔬菜的田块都有杂草分布,其差异仅在发生的种类、种群及危害程度等方面。据调查,我国蔬菜田草害面积(杂草对蔬菜构成危害的面积)约 625.1 万公顷,占蔬菜种植面积的 89.3%,其中中等以上危害面积达 67.8%。由于杂草的危害,致使蔬菜产量损失 10%~20%。

2. 不同地域不同草害的多样性

我国地域辽阔,不同的经纬度和不同的海拔高度等地理环境决定了不同的气候条件,从而影响蔬菜田杂草的种类、分布与危害。在我国蔬菜田中,除了全国或大多数有普遍发生的近十种杂草外,还有十余种仅在局部地区发生危害的地域性杂草。如水生蔬菜田的水龙仅在热带的海南岛发生,而旱地蔬菜田的薄蒴草仅在高纬度、高海拔的青海及新疆北部发生。由于我国的疆域辽阔,从而决定了蔬菜田杂草的多样性。

3. 不同季节不同草害的变化性

除高寒、干旱的蔬菜单作区外,在同一个地区不同季节田间杂草种类亦不尽一致。如长江中下游三作区的上海市菜田,冬春杂草为喜凉的牛繁缕、看麦娘、小藜等,夏秋杂草即为喜温的马唐、千金子、凹头苋等。

4. 不同蔬菜不同草害的复杂性

在同一地区,由于蔬菜种类的不同,杂草种类亦有差异。如上海市郊区,旱地作物韭菜田主要杂草有香附子、细叶千金子、田旋花等旱田杂草,而茭白、莲藕等水生蔬菜田则以稗草、异型莎草、鸭舌草等水生杂草为主。在芋艿、慈姑等湿生菜田则以鳢肠、千金子为主。

5. 不同栽培方式不同草害的差异性

蔬菜栽培方式多样化,如露地栽培、地膜覆盖栽培、塑料棚及温室栽培等。在不同的栽培方式下温、湿度不尽相同,从而决定了杂草的发生时间及生长速度不一样。如在温室或大棚中杂草发生较露地明显提早,并且出苗高峰集中。

6. 应用除草剂带来的主害杂草的变化性

长期使用 1~2 种除草剂后,菜田杂草种群也随之变化。如上海菜田在 20 世纪 60~70 年代主要应用除草醚,使小藜、凹头苋等一年生阔叶杂草得到有效控制,但旱稗、马唐等禾本科杂草明显上升。80 年代开始推广应用氟乐灵以后,稗草、马唐、千金子危害已明显减轻,而小藜、凹头苋等阔叶杂草又明显抬头。

二、菜田常见杂草的分类与识别

(一)杂草的分类

由于危害蔬菜田杂草的种类繁多,对一个非杂草研究工作者来说,要全面识别杂草是相当困难的。为此,学者们根据杂草的植物学、生物学、生态学、生理学等特性,制定了各种杂草分类方法,这些分类方法分别就杂草的栽培特性进行了归纳,对人们识别杂草,尤其是用好除草剂有很大的帮助。

1. 按杂草的生态型分类

这种分类法常把杂草分为旱地杂草、水田杂草和湿生杂草 3 大类。

(1)旱地杂草　这类杂草只能生长在旱田中,主要危害旱田蔬菜,如小藜、马齿苋、马唐、牛筋草、香附子等。

(2)水田杂草　这类杂草只能生长在水田,主要危害水生蔬菜,如鸭舌草、异型莎草、水苋菜等。

(3)湿生杂草　这类杂草能生长在土壤湿度较大的地区和田块内,但不能在长期浸水或严重干旱的情况下生长,如千金子、碎米莎草、鳢肠等。

2. 按杂草的生活史分类

按杂草的生活史分类,通常把杂草分为一年生杂草和多年生杂草两大类。其中一年生杂草又可分为冬季一年生杂草和夏季一年生杂草两种。

(1)一年生杂草　一年生杂草是指杂草从种子发芽、生长到开花、结籽,在 1 年内完成生命史的杂草。这类杂草主要靠种子繁殖。

①冬季一年生杂草　这类杂草秋、冬陆续发生,严寒时停止生长或生长缓慢,翌年春天继续生长并开花、结籽、死亡。如看麦娘、牛繁缕、猪殃殃等。这类杂草又称越年生杂草或二年生杂草。这类杂草主要危害越冬蔬菜或早春蔬菜。

②夏季一年生杂草　这类杂草春季发生,夏季生长,秋季开花结籽、死亡。如稗草、马齿苋、鸭舌草、马唐等。这类杂草主要危害夏秋季种植的蔬菜。

(2)多年生杂草　生命周期超过 2 年,以营养器官再生方法延续生命,是多年生杂草的特征。如香附子在春夏发芽生长,夏秋开花结籽,冬季地上部分枯死,但地下部分块茎仍有生命力,第二年又重新抽芽生长。

3. 按除草剂的防除对象分类

在除草剂的杀草原理中,很重要的是根据杂草形态不同和结构上的差异而分类杀除的。按除草剂防除对象可将杂草分为禾本科杂草、莎草科杂草及阔叶杂草。禾本科杂草及莎草科杂草同属单子叶植物,阔叶杂草属双子叶植物。单子叶杂草是指在种子胚内只有一片子叶的杂草。双子叶杂草是指在种子胚内含有两片子叶的杂草。禾本科杂草的主要形态特征是叶片狭长,茎圆筒形,节间常中空,根是须根。莎草科杂草及禾本科杂草的主要区别是前者茎大多为三棱形、实心、无节,个别为圆柱形、空心。阔叶杂草主要特征是叶片圆形、心形或菱形,叶脉通常为网状,茎圆形或方形。

4. 按杂草的分布与危害分类

这种分类通常把杂草分为重要杂草、主要杂草、地域性杂草、一般杂草及恶性杂草。

(1)**重要杂草**　重要杂草是指全国或大多数省、自治区范围内普遍发生、对农作物危害最严重的杂草种类。如旱地蔬菜田的马唐、牛筋草、绿狗尾、香附子、藜等,水生蔬菜田的稗、异型莎草、鸭舌草等。全国蔬菜田重要杂草有 17 种。

(2)**主要杂草**　主要杂草是指危害范围较广泛、对农作物危害较严重的杂草种类,蔬菜田主要杂草约有 25 种。

(3)**地域性杂草**　地域性杂草是指在局部地区对农作物危害较严重的杂草种类。如分布在热带、亚热带的水龙、龙爪茅等,分布在温带、寒温带的雨久花、荞麦蔓等。

(4)**一般杂草**　又称次要杂草。是指一般不对作物造成严重危害的常见杂草。这类杂草种类最多。

(5)**恶性杂草**　恶性杂草是指对农作物危害特别严重、又很难防除的杂草。如菟丝子、列当、毒麦 3 种检疫性杂草以及香附子等多年生杂草。

以上的划分并非一成不变的,由于环境条件的变化,主要是人们生产活动的影响与干预,不同种类杂草的地位将会发生相应变化。如野燕麦随远距离种子调运而向全国蔓延,由地域性杂草转变为重要杂草。

（二）常见杂草的识别

1. 禾本科

（1）马唐（面条筋）

【形态特征】 一年生草本。茎秆基部倾卧地面,节处着地易生根,株高30～60厘米。叶鞘短于节间,鞘口或下部疏生柔毛;叶舌钝圆,长1～3毫米;叶片条状披针形,长4～12厘米,宽5～10毫米,疏生柔毛或无毛。总状花序3～8枚,呈指状排列于穗顶,2小穗孪生于穗轴一侧,第一外稃两侧通常无毛或贴生柔毛。与此相似同属的有毛马唐、升马唐、止血马唐等。

【分　　布】 我国北自黑龙江、南到海南岛各地,除水田外,旱地及湿地蔬菜田均有分布。

【适用除草剂】 茎叶处理剂:禾草灵、稳杀得、盖草能、禾草克、快杀稗、敌稗。土壤处理剂:都尔、乙草胺、大惠利、氟乐灵、除草通、杀草丹、恶草灵、果尔。

（2）千金子（畔茅）

【形态特征】 一年生草本。株高30～90厘米,常基部膝曲。叶舌多撕裂,具小纤毛;叶片条状披针形,长8～25厘米,宽3～6毫米。圆锥花序,长15～30厘米,由多数穗形总状花序组成;小穗常带紫色,排列于穗轴的一侧,每个小穗含3～7朵小花。

【分　　布】 分布于我国黄河流域以南各地,旱地、湿地、水地蔬菜田均有分布。

【适用除草剂】 茎叶处理剂:稳杀得、高效盖草能、禾草克、威霸。土壤处理剂:杀草丹、扫弗特、氟乐灵、除草通、恶草灵。

(3)稗(稗草)

【形态特征】 一年生草本。茎秆斜生,株高50～130厘米。叶片条形,宽5～10毫米,中脉白色,无叶舌。圆锥花序直立或下垂,小穗排列于稗轴分枝的一侧,绿色或带紫色,含2花;第一外稃具5～7脉,有长5～30毫米的芒(或无芒),第二外稃顶端有小尖头并且粗糙,边缘卷抱内稃。我国常见的有早稻稗、孔雀稗、无芒稗、西米稗4个变种。

【分　布】 全国各地均有分布。各不同种类分别分布于各种蔬菜田。

【适用除草剂】 茎叶处理剂:禾草克、稳杀得、高效盖草能、快杀稗、禾大壮、敌稗、威霸、骠马。土壤处理剂:乙草胺、丁草胺、扫弗特、杀草丹、恶草灵、优克稗、果尔。

(4)牛筋草(蟋蟀草)

【形态特征】 一年生草本。秆扁,自基部分枝,倾斜向四周开展,质地坚韧。叶片条形,叶鞘压扁,鞘口有毛,叶舌短。穗状花序2～7枚,指状排列于秆顶;小穗无柄,有花4～6朵,成2行紧密着生于宽扁穗轴之一侧。颖果脊上粗糙,状卵形,有明显的波状皱纹。

【分　布】 分布于我国长城以南各地,主要发生于旱地蔬菜田,湿生蔬菜田亦可发生。

【适用除草剂】 茎叶处理剂:禾草克、稳杀得、高效盖草能。土壤处理剂:丁草胺、扫弗特、氟乐灵、杀草丹、恶草灵、仙治、果尔。

（5）狗尾草（狗尾巴草）

【形态特征】 一年生草本。直立,株高30～60厘米,通常丛生。叶片条状披针形,背面光滑,上面稍粗糙,鞘口有毛;叶舌具1～2毫米的纤毛。圆锥花序紧密,呈圆柱形,通常微弯垂,小穗椭圆形;顶端钝,长2～2.5厘米,3～6个成簇着生,下具1～6条刚毛,绿色或变紫色。与此相似同属的有金狗尾草、大狗尾草、谷莠子。

【分　布】 分布于我国各地旱地蔬菜田。

【适用除草剂】 茎叶处理剂:禾草灵、稳杀得、高效盖草能、禾草克。土壤处理剂:杀草丹、乙草胺、氟乐灵、恶草灵、拉索、都尔、果尔。

（6）早　熟　禾

【形态特征】 一年生或越年生草本。茎秆丛生,直立,基部稍向外倾斜,株高6～30厘米。叶片质地柔软,光滑,顶端呈船形,或边缘微粗糙;叶鞘自中部以下闭合;叶舌圆形。圆锥状花序,卵状圆形,通常每节有1～2个分枝;小穗绿色,有花3～5朵。

【分　布】 分布于长江中下游各地旱地蔬菜田,湿地蔬菜田亦有分布。

【适用除草剂】 茎叶处理剂:禾草灵、稳杀得、高效盖草能、禾草克。土壤处理剂:杀草丹、乙草胺、氟乐灵、恶草灵、拉索、都尔、异丙隆、果尔。

（7）大画眉草（绣花草）

【形态特征】 一年生草本。茎秆单生或丛生,直立或基部膝曲。叶鞘无毛或在鞘口有毛,脉上无腺体;叶舌有1圈纤毛;叶片狭条形,边缘无腺体。圆锥花序,分枝直立或上升;小穗灰绿色或草黄色,含4～8个小花;颖片长1～1.5毫米,有1脉,无腺体;外稃侧脉明显,无腺体。与之相似的有同属的小画眉草。

【分　　布】　我国东北、华北、华南、西南各地旱地蔬菜田均有分布。

【适用除草剂】　茎叶处理剂:稳杀得、高效盖草能、禾草克。土壤处理剂:氟乐灵、都尔、莠去津、豆科威、果尔。

(8)看麦娘

【形态特征】　一年生或越年生杂草,须根。茎秆单生或丛生,直立或基部略倾斜,株高10～45厘米。叶片直立,光滑或表面微粗糙,长3～10厘米,宽2～6毫米;叶鞘光滑,通带短于节间。圆锥花序,圆筒形,灰绿色;小穗卵状,长圆形,含1花,脱节于颖之下,密集于穗轴之上;颖等长,基部连合,有3脉,背上有纤毛;外稃等长或稍长于颖,无内稃;雄蕊花药橙黄色;颖果长约1毫米。与之相似的有同属的日本看麦娘。

【分　　布】　分布于我国淮河以南各地,东起江苏,西至四川,南达广东,在旱地及湿地蔬菜田均有分布。

【适用除草剂】　茎叶处理剂:高效盖草能、骠马、稳杀得、禾草克、禾草灵。土壤处理剂:绿麦隆、恶草灵、乙草胺、丁草胺。

(9)棒头草(稍草)

【形态特征】　一年生草本。株高20～60厘米。叶片宽3～9毫米。圆锥花序呈穗状;颖片的芒短于或稍长于小穗,长1～3毫米。

【分　　布】　广泛分布于我国西北、西南、华东、华南各地旱地、湿地蔬菜田。

【适用除草剂】　茎叶处理剂:高效盖草能、禾草克、稳杀得、骠马。土壤处理剂:异丙隆、乙草胺、丁草胺、绿麦隆、氟乐灵、果尔。

(10)双穗雀稗(游草)

【形态特征】 多年生草本。有根状茎及匍匐茎。叶片条形至条状披针形。总状花序2枚,指状排列;小穗2排,排列于穗轴一侧,椭圆形。

【分　布】 广泛分布于我国黄河以南各地湿地蔬菜田,旱地蔬菜田亦有分布。

【适用除草剂】 茎叶处理剂:高效盖草能、禾草克、稳杀得、骠马、威霸。土壤处理剂:恶草灵、莠去津、西玛津、果尔。

(11)狗牙根(草板筋)

【形态特征】 多年生草本。具根状茎或匍匐茎,节间长短不等。茎秆平卧,部分长达1米,并于节上生根及分枝。叶舌短小,具小纤毛;叶片条形,宽1~3毫米。穗状花序3~6枚,指状排列于穗顶;小穗排列于穗轴的一侧,长约2毫米,含1朵小花。颖近等长,外稃具3脉。

【分　布】 分布于我国黄河流域以南各地旱地蔬菜田,尤以新开垦的蔬菜田为多。

【适用除草剂】 茎叶处理剂:高效盖草能、稳杀得、禾草克、禾草灵。土壤处理剂:恶草灵、绿麦隆、氟乐灵、除草通、杀草丹、果尔。

(12)两耳草(叉仔草)

【形态特征】 多年生草本,有横走、平卧的匍匐枝。茎秆基部斜倚,上部直立。叶片狭披针形,长5~20厘米,宽5~10毫米。总状花序2枚,顶生,成对叉状张开,细长,长6~12厘米;穗轴宽约0.8毫米,边缘粗糙,小穗卵圆形,长约1.8毫米,成两行排列于穗轴的一侧。颖果扁平,或一面略凸出。

【分　布】 分布于我国广东、广西、云南、台湾等南方地区的旱地蔬菜田。

【适用除草剂】 茎叶处理剂:高效盖草能、稳杀得、禾草克、禾草灵。土壤处理剂:恶草灵、敌草隆、果尔。

(13)菵草

【形态特征】 一年生草本。茎秆疏丛生,直立。叶片广条形,基部阔而抱茎;叶鞘长于节间,无毛;叶舌透明膜质。圆锥花序,狭窄,长10～30厘米,由多数直立、长为1～5厘米的穗状花序稀疏排列而成;小穗扁圆形,紧密。颖果黄褐色。

【分　布】 分布于我国南北各地的湿地、水地蔬菜田。在南方旱地蔬菜田亦有分布。

【适用除草剂】 茎叶处理剂:高效盖草能、禾草克、稳杀得、骠马。土壤处理剂:异丙隆、绿麦隆、乙草胺、果尔、丁草胺、氟乐灵。

2. 菊　科

(1)小飞蓬(小蓬草)

【形态特征】 一年生草本。具锥形直根。茎直立,有细纹及粗糙毛,上部多分枝。叶互生,条状披针形或矩圆状条形,基部狭,几无叶柄。头状花序,密集,呈圆锥状或伞房状;总苞半球形,总苞片2～3层,边缘膜质;舌状花,白色微带紫。瘦果矩圆形,冠毛污白色,刚毛状。与此相似的有同属的野塘蒿。

【分　布】 全国各地旱地蔬菜田均有分布。

【适用除草剂】 赛克津、莠去津、伴地农、都阿混剂、果尔。

(2)一年蓬(蓬头草)

【形态特征】 一年生草本。茎直立,株高30～90厘米。上部分枝,全株有短毛。叶互生,叶形变化较大,基本叶圆形或宽卵形,边缘有粗齿;中部和上部叶较小,矩圆状披针形,边缘有齿裂；上部叶多为线形，全缘，有睫毛。头状花序排列呈伞房状；舌状花明显，2至数层，线形，白色或略带紫色。

【分　布】　我国华东、华中各地旱地蔬菜田。

【适用除草剂】　赛克津、莠去津、伴地农、都阿混剂、果尔。

（3）鳢肠（墨菜）

【形态特征】　一年生草本。直立或平卧，被伏毛，茎微带红褐色，折断后汁液很快变褐色。叶对生，椭圆状披针形或条状披针形，全缘或有细锯齿，无柄或在基部叶有短柄；叶揉碎后的汁液呈黑墨色。头状花序单生于叶腋或顶生；总苞钟形，绿色；舌状花白色，雌性；筒状花两性；舌状花的瘦果扁四棱形，筒状花的瘦果三棱状；表面均有瘤状突起，无冠毛。

【分　布】　我国长江、黄河中下游至珠江下游（广东）等地旱地及湿地蔬菜田均有分布。

【适用除草剂】　农得时、草克星、赛克津、恶草灵、仙治、都阿混剂、果尔。

（4）小蓟（刺儿菜）

【形态特征】　多年生草本。茎直立。叶椭圆形或长椭圆状披针形，全缘或有齿裂，有刺，无柄。头状花序单生于茎顶，雌雄异株，雄株头状花序较小，雌株头状花序较大，总苞片多层，具刺；花冠紫红色，全为管状花。瘦果椭圆形或长卵形，略扁平，冠毛羽毛状。

【分　布】　我国东北（黑龙江）、华北、华东、中南等地旱地蔬菜田均有分布。

【适用除草剂】　虎威、扑草净、赛克津、伴地农、都莠混剂、果尔。

（5）大剌儿菜（大蓟）

【形态特征】 种子（瘦果）倒卵形，长 7～9 毫米，冠毛白色或基部褐色，果长于花冠。茎直立，株高 50～100 厘米，被蛛丝状毛，上部分枝。叶矩圆形，长 5～12 厘米，宽 2～6 厘米，顶端钝，具尖刺，基部渐狭，边缘有缺刻状齿或羽状浅裂，具细刺，叶面绿色、无毛或有蛛丝状毛，叶背毛较密。头状花序小，多数集生于枝端，单性；雄花序较小，总苞长约 1.3 厘米；雌花序总苞长 16～20 厘米，外层总苞片短，披针形，顶端尖锐，内层总苞片条状披针形，顶端略扩大，花冠紫红色。

【分　　布】 原产于欧洲，是温带地区的主要蔬菜田杂草。我国分布于新疆、青海、甘肃、山西及东北的黑龙江等地旱地蔬菜田。

【适用除草剂】 恶草灵、扑草净、赛克津、伴地农、都莠混剂、果尔。

（6）泥胡菜（苦草）

【形态特征】 一年生草本。茎直立，有纵条纹，光滑或有白色线状毛。叶基生，外莲座状，有柄；叶片倒披针形或倒披针状椭圆形，羽状分裂，先端裂片三角形，背面密被绒毛，呈灰白色；中部叶椭圆形，无柄，羽状分裂；上部叶条状披针形至条形。头状花序，总苞球形，苞片线状，绿色，有 5～8 层。瘦果棕褐色，长有冠毛。

【分　　布】 分布于我国江苏、浙江、湖南、湖北等湖滨地区的旱地蔬菜田。

【适用除草剂】 异丙隆、利谷隆、绿麦隆、赛克津、莠去津、恶草灵、都阿混剂、果尔。

（7）苍耳（苍子）

【形态特征】 一年生草本。茎直立，粗壮，上部多分枝。叶互生粗糙,卵状三角形,基生 3 条叶脉。头状花序异性,雄花序球形,密生柔毛;雌花序椭圆形,总苞片连合成束状,成熟后总苞变坚硬,绿色、淡黄色或红褐色,表面有稀疏的钩刺,苞内有 2 个瘦果,倒卵形。

【分　布】　全国各地旱地蔬菜田均有分布。

【适用除草剂】　都尔、绿麦隆、杂草焚(2 叶期)、莠去津、西玛津、恶草灵、都莠混剂、都阿混剂、果尔。

(8)胜红蓟(藿香蓟)

【形态特征】　一年生草本。茎稍带紫色,被白色长柔毛,幼茎幼叶及花梗上的毛较密。叶卵形或菱状卵形,两面被稀疏的白色长柔毛,边缘有钝圆锯齿。头状花序较小,直径约 1 厘米,在茎或分枝顶端排成伞房花序;总苞叶矩圆形,顶端急尖,外面被稀疏白色长柔毛;花淡紫色或浅蓝色;冠毛鳞片状,上端渐狭呈芒状,分枝。

【分　布】　我国广东、广西、福建、云南等地旱地蔬菜田均有分布。

【适用除草剂】　敌草隆、莠去津、赛克津、阔叶净、果尔。

(9)苣荬菜(野莴苣)

【形态特征】　多年生草本。有根状茎。地上茎直立。叶矩圆状披针形,具稀的缺刻或浅羽裂,基部渐狭成柄;茎生叶无柄,基部耳状,稍抱茎。头状花序,径约 2.5 厘米,黄色,含舌状花 80 朵以上,总苞针状。瘦果长椭圆形,边缘狭窄,有纵条纹。

【分　布】　全国各地旱地蔬菜田均有分布。尤其在华北、东北、西北地区危害严重。

【适用除草剂】　阔叶散、赛克津、恶草灵、伴地农、都阿混剂、果尔。

（10）抱茎苦荬菜（苦荬菜）

【形态特征】 多年生草本。基部叶多数，叶形多变化，基部下延成柄，边缘具锯齿或不整齐的羽状深裂；茎生叶基部抱茎，最宽处在基部，无柄。头状花序集成伞房状；总苞2轮，外层总苞片5片，极小，内层总苞片8片，披针形；舌状花黄色，5齿裂；瘦果黑色，有细条纹及粒状小刺；冠毛白色。与此相似的还有山苦荬、多头苦荬等。

【分　布】 分布于东北、华北地区和陕西、甘肃等地旱地蔬菜田，与之相似的有越年生多头苦荬菜，分布于华东、华南、华中及西南旱地及湿地蔬菜田。

【适用除草剂】 赛克津、扑草净、恶草灵、阔叶净、阔叶散、果尔。

（11）辣子草（向阳花）

【形态特征】 一年生直立草本。叶对生，卵圆形至披针形，边缘具浅圆齿或近全缘，叶脉基部3出。头状花序小，有细长的柄；总苞半球形；苞片2层，绿色，近膜质；舌状花4～5个，白色，雌性；筒状花黄色，两性，顶端5齿裂。瘦果具棱角，顶端具睫毛状鳞片。

【分　布】 我国云南、四川、江西、浙江等地的旱地蔬菜田均有分布。

【适用除草剂】 果尔、赛克津、恶草灵、仙治、莠去津、草克星。

（12）鼠麴草（田艾）

【形态特征】 一年生草本。株高50～100厘米。中部和下部叶对生，2回羽状深裂，裂片顶端尖或渐尖，边缘具不规则细齿或钝齿，两面略有短毛，具长叶柄；上部叶互生，羽状分裂。头状花序有长柄；总苞片条状椭圆形；舌状花黄色，不发育;筒状花黄色,发育。瘦果条形,顶端冠毛刺芒状,3～4枚。

【分　布】　我国华东、华中、华南、西南旱地蔬菜田均有分布,以南部各省、自治区较为普遍。

【适用除草剂】　异丙隆、绿麦隆、赛克津、恶草灵、都阿混剂、果尔。

3. 十字花科

(1)荠菜(野荠)

【形态特征】　一年生草本。种子圆形,长约1.5毫米,宽约0.5毫米,红褐色至黑色,有网状纹,种脐短小,外圈黑色。子叶1对,对生,长约1.5毫米,宽约1毫米;叶柄长约1.5毫米。幼苗期,叶根生,呈丛生状,铺展于地面,羽状深裂,顶端的裂片三角形,两侧裂片较长,裂上有细缺刻。抽薹后,株高15～40厘米,叶片互生,为矩圆形或披针形,全缘或有缺刻,基部耳形而抱茎。总状花序顶生,花小而有柄;萼片4片,长椭圆形;花瓣白色,4片,倒卵形呈"十"字形排列;雄蕊6个,4强;雌蕊1个。果实为倒心脏形或倒三角形的扁平短角果,含多粒种子。

【分　布】　我国各地旱地蔬菜田均有分布。可作蔬菜食用。

【适用除草剂】　豆科威、绿麦隆、除草通、大惠利、杂草焚、莠去津、西玛津、恶草灵、果尔。

(2)风化菜

【形态特征】　越冬生或多年生草本。茎斜上,分枝。基部叶和下部叶羽状分裂,顶生裂片较大,侧生裂片5～8对,边缘有钝齿。总状花序顶生或腋生;花黄色。长角果,圆柱状,长椭圆形,弯曲。

【分　布】　我国东北、华北、西北、西南地区及江苏等地旱地及湿地蔬菜田均有分布。

【适用除草剂】 除草通、大惠利、绿麦隆、利谷隆、甜菜宁、虎威、恶草灵、赛克津、扑草净、果尔。

(3)印度辣菜(钢剪刀)

【形态特征】 一年生杂草。株高10~50厘米。茎直立,柔弱,近基部分枝。下部叶有柄,羽状浅裂,长2~10厘米;顶生裂片宽卵形,侧生裂片小;上部叶无柄,卵形或宽披针形,先端渐尖,基部渐狭,稍抱茎,边缘具齿牙或不整齐锯齿,稍有毛。总状花序顶生;萼片4,矩圆形;花瓣4,淡黄色,倒披针形。长角果条形,果梗丝形。与此相似的有同属的风化菜。

【分　　布】 我国华中、华东、西南和华南各地旱地及湿地蔬菜田均有分布。

【适用除草剂】 除草通、大惠利、绿麦隆、利谷隆、甜菜宁、恶草灵、赛克津、果尔。

(4)播 娘 蒿

【形态特征】 一年生草本。株高30~70厘米,有分叉毛。茎直立,多分枝,密生灰色柔毛。叶狭卵形,二回至三回羽状深裂,背面多毛,下部叶有柄,上部叶无柄。顶生总状花序,萼片4,早脱落;花梗长约1厘米,花瓣4,淡黄色。长角果窄条形,长2~3厘米,宽约1毫米,无毛;果梗长1~2厘米。种子1行,褐色,有细网纹。

【分　　布】 我国除华南外,其他各地旱地蔬菜田均有分布,尤以盐碱地区为多。

【适用除草剂】 莠去津、赛克津、阔叶净、阔叶散、伴地农、都阿混剂、果尔。

4. 玄参科

(1)波斯婆婆纳

【形态特征】 一年生草本。全株有柔毛。茎自基部分枝，下部匍匐地面，向上斜生，株高15～45厘米。茎基部叶对生，上部叶互生；有短柄，卵圆形或卵状长圆形，长、宽均为1～2厘米，边缘具圆齿；基部叶圆形，无柄。花单生于苞腋；苞片呈叶状，有柄，裂片为唇形，雄蕊2。蒴果2深裂，倒扁心状，宽大于长，有网纹。种子舟形，有皱纹。与之相似的有同属的婆婆纳。

【分　布】 我国华东、华中、西北、西南各地旱地蔬菜田均有分布。

【适用除草剂】 绿麦隆、利谷隆、异丙隆、赛克津、扑草净、阔叶净、恶草灵、果尔。

(2)通泉草

【形态特征】 一年生小杂草。有稀疏短毛或无毛，株高5～30厘米。茎直立或倾斜，通常基部分枝。叶大部基生，倒卵形或匙形，边缘有不整齐的粗钝锯齿，先端圆钝，基部楔形，逐渐延伸成翼状；柄无毛，或有稀疏短毛。花序占茎的小部或全部，花茎通常针叶，1条或数条自叶丛伸出；苞片狭小，花萼裂片部分与筒部几乎相等；花冠淡紫色或蓝色，长为花萼的1倍或稍长。蒴果球形，无毛，稍露出于萼筒之外；种子多数，斜卵形或肾形，淡黄色。

【分　布】 我国华东、华南、西南各地旱地蔬菜田均有分布，湿地蔬菜田亦有分布。

【适用除草剂】 绿麦隆、异丙隆、利谷隆、赛克津、扑草净、果尔。

5. 蓼 科

(1)酸模叶蓼(大马蓼、旱苗蓼)

【形态特征】 一年生草本。茎直立,有分枝。叶柄有短刺毛;叶披针形或宽披针形,上面绿色,常有黑褐色新月形斑点,无毛。花序是由数个花穗构成的圆锥状花序;花淡红色或白色,半扁平,褐色,光亮,全部包被于宿存花被内。与此相似同属的另有柳叶刺蓼、旱型两柄蓼、尼泊尔蓼、水蓼等。

【分 布】 我国各地的湿润旱地蔬菜田均有分布,湿地蔬菜田亦有分布。

【适用除草剂】 豆科威、氟乐灵、除草通、绿麦隆、利谷隆、甜菜宁、虎威、莠去津、赛克津、阔叶散、恶草灵、西草净、果尔。

(2)萹蓄(踏不死)

【形态特征】 一年生草本。茎多分枝,平卧或斜生。叶狭椭圆形或披针形,全缘。花生于叶腋,1~5朵簇生,幼芽时先端带红色;花被绿色,分裂,边缘白色。瘦果三角形,黑色,具光泽。

【分 布】 我国各地的旱地蔬菜田均有分布,尤其是对华北、西北盐碱稍重的蔬菜田危害严重。

【适用除草剂】 豆科威、大惠利、绿麦隆、利谷隆、西玛津、赛克津、扑草净、阔叶散、都莠混剂、都阿混剂、果尔。

6. 石 竹 科

(1)牛繁缕(河豚头)

【形态特征】 一年生杂草。株高50~80厘米。茎多分枝。叶卵形或宽卵形,顶端锐尖,基部近心形;叶柄长5~10毫米,疏生柔毛;上部叶常无柄或有极短的柄。花顶生或单生于叶腋,花梗细长,有毛;萼片5,基部稍连合,有短柔毛;花瓣5,白色,顶端2深裂达基部;雄蕊10,花柱5,与萼片互生。蒴果5瓣裂,每瓣顶端再2裂。种子多数,近圆形,有显著的突起。

【分　布】　我国长江流域以南各地旱地及湿地蔬菜田均有分布。

【适用除草剂】　乙草胺、绿麦隆、除草通、大惠利、扑草净、丁草胺、地乐胺、果尔。

(2)繁缕(鹅肠草)

【形态特征】　直立或平卧的一年生草本。茎纤弱,由基部多分枝;茎上有1行短柔毛,其余部分无毛。花单生叶腋或顶生疏散的聚伞花序;花萼及花瓣为5;雄蕊10;花柱3。蒴果卵形。

【分　布】　我国各地均有分布。主要危害长江以南至广东、云南北部的旱地蔬菜田。

【适用除草剂】　乙草胺、绿麦隆、除草通、大惠利、扑草净、丁草胺、地乐胺、果尔。

(3)簇生卷耳(猫耳草)

【形态特征】　株高20～30厘米。茎簇生或单生,上部绿色,下部微带紫红色,有短柔毛。叶对生,无柄;基生叶近匙形或狭倒卵形,基部渐狭;中、上部的叶狭卵形至披针形,全缘,中脉显著,两面均有贴生短柔毛,睫毛密而明显。二歧聚伞花序顶生;花梗密生长腺毛,花后顶端常向下弯曲;萼片5,披针形,具宽而绿色的中肋,边缘膜质,背面密生腺毛,宿存;花瓣5,白色,先端2裂;雄蕊10,5长5短;花柱5,与萼片对生。

【分　布】　我国黄河流域以南各地旱地蔬菜田均有分布。

【适用除草剂】　豆科威、绿麦隆、利谷隆、果尔、西玛津、赛克津、扑草净。

7. 大戟科

(1)铁苋菜(榎草)

【形态特征】 一年生草本。株高 30～50 厘米。叶互生,椭圆形或椭圆状披针形呈卵状菱形,边缘有钝齿。花序腋生,雌雄同生于一花序上;雄花多生于药序的上端,穗状;雌花生于叶状苞片内。果小,钝三角状,被有粗毛。

【分　布】 全国各地旱地蔬菜田均有分布。

【适用除草剂】 氟乐灵、绿麦隆、利谷隆、甜菜宁、果尔、莠去津、赛克津、阔叶散、恶草灵、阔叶净。

(2)泽漆(五灯头)

【形态特征】 一年生草本。有毒。茎基部紫红色,上部淡绿色,分枝多而斜生,茎内含乳汁。叶互生。茎顶端具 5 片轮生叶状苞,与下部叶相似,但较大;多歧聚伞花序顶生。蒴果无毛;种子卵形。

【分　布】 除新疆、西藏外,全国各地旱地蔬菜田均有分布。

【适用除草剂】 异丙隆、绿麦隆、利谷隆、甜菜宁、果尔、莠去津、赛克津、阔叶散、恶草灵。

(3)地　锦

【形态特征】 一年生草本。有乳汁。茎匍匐,长 10～30 厘米,近基部分枝,浅红至紫红色。叶对生,矩圆形,先端钝圆,基部偏斜,边缘有极小的锯齿,绿色或带淡红色。花序单生于叶腋,总苞倒圆锥形。蒴果三棱状球形;种子卵形,黑褐色。相似的有同属的斑地锦及大地锦。

【分　布】 主要分布于华东、中南、华北等地旱地蔬菜田。

【适用除草剂】 果尔、绿麦隆、利谷隆、异丙隆、豆科威、莠去津、赛克津、扑草净、阔叶散、阔叶净、恶草灵。

8. 藜 科

（1）小藜（灰菜）

【形态特征】 一年生草本。叶互生，叶柄细长，叶片长卵形或矩圆形，两面粉粒较少。穗形花序，腋生或顶生。花被淡绿色。胞果包于花被内，果皮膜质，有蜂窝状网纹。种子黑色有棱。

【分　布】 我国各地旱地蔬菜田均有分布。

【适用除草剂】 除草通、都尔、乙草胺、拉索、大惠利、地乐胺、绿麦隆、恶草灵、广灭灵。

（2）藜（灰菜）

【形态特征】 一年生草本。茎直立，有条纹。叶形变化大，多数为卵形、菱形或三角形，边缘常有波状齿，部分叶较窄，叶背生灰绿色粉粒。花簇聚成密或疏的圆锥花序。早期花被片增大包裹胞果，果皮薄，种子黑色有光泽。

【分　布】 全国各地旱地蔬菜田均有分布。

【适用除草剂】 除草通、都尔、乙草胺、拉索、大惠利、地乐胺、绿麦隆、恶草灵、广灭灵、赛克津、津乙伴侣。

（3）灰绿藜（翻白藜）

【形态特征】 一年生草本。茎有条纹，自基部分枝。叶互生，叶片矩圆状卵形或广披针形；下部叶较上部宽短，边缘疏具粗齿牙，绿色或紫绿色，中脉黄褐色，背面灰绿色或淡灰紫色，密生粉粒。花序穗状或复穗状。胞果扁圆形，由宿存花被包被。

【分　布】 我国东北、华北、西北地区以及江苏、浙江、上海、湖南等地旱地蔬菜田均有分布。

【适用除草剂】 除草通、都尔、乙草胺、拉索、地乐胺、绿麦隆、恶草灵、赛克津、莠去津、都莠混剂、都阿混剂、津乙伴侣。

(4)碱蓬(灰绿碱蓬)

【形态特征】 一年生草本。茎直立,浅绿色,有条纹,上部多分枝;枝细长、斜伸或开展。叶无柄,条状柱形或半圆柱形略扁平,肉质光滑或有粉粒。花两性,1至数个花簇生于叶腋;花被5裂,果期增厚,向内包卷,呈五角星状;雌蕊5,柱头2,有毛。

【分　布】 我国东北、西北、华北及华中等旱地蔬菜田均有分布,尤以盐碱地危害严重。

【适用除草剂】 豆科威、大惠利、绿麦隆、利谷隆、西玛津、赛克津、扑草净、阔叶散,都莠混剂、都阿混剂、果尔。

9. 苋　科

(1)凹头苋

【形态特征】 一年生草本。株高10～30厘米,全株无毛。茎平卧,基部分枝。叶卵形或菱状卵形,顶端钝圆而有凹缺;叶柄比叶片稍短。花单生或杂性;花簇腋生于枝的上部,呈穗状花序或圆锥花序;苞片干膜质,萼片3。胞果卵形,略扁,略皱缩近平滑。

【分　布】 我国各地旱地蔬菜田均有分布。

【适用除草剂】 大惠利、拉索、乙草胺、除草通、地乐胺、绿麦隆、异丙隆、果尔、赛克津、津乙伴侣。

(2)反枝苋(野米苋)

【形态特征】 一年生草本。株高20～80厘米。茎粗壮,单一或分枝,密生短柔毛。叶菱状卵形或椭圆状卵形,顶端有小尖头,基部楔形,全缘或波状缘。圆锥花序顶生或腋生,由多数穗状花序组成;花单性或杂性,苞片和小苞片膜质;花被5,

白色,有 1 条淡绿色中脉。胞果扁球形;种子倒卵圆形或近球形,棕黑色。与此相似的另有同属的刺苋、皱果苋。

【分　布】　为我国北方常见的旱地杂草,东北、华北和西北旱地蔬菜田广泛分布。

【适用除草剂】　大惠利、拉索、乙草胺、除草通、地乐胺、绿麦隆、异丙隆、果尔、赛克津、津乙伴侣。

(3)空心莲子草(水花生)

【形态特征】　一年生草本。茎基部匍匐,上部斜生,中空。叶对生,矩圆形或倒卵状披针形,顶端圆钝有尖头,基部逐渐狭窄,上面有贴生毛,边缘有睫毛。头状花序,单生于叶腋;苞片和小苞片干膜质,宿存;花被片白色;雄蕊 5,花丝基部合生,花药 1 室;退化雄蕊顶端分裂成窄条。

【分　布】　我国热带和亚热带地区的湿地、水地蔬菜田均有分布,旱地蔬菜田亦有少量发生。

【适用除草剂】　百草敌(定向喷雾)、施大隆(定向喷雾)、巨星、恶草灵。

10. 毛 茛 科

石龙芮(水芹菜)

【形态特征】　一年生草本。疏生短毛或后变无毛。基部叶和下部叶具长柄,叶片宽卵形,3 深裂;中央裂片菱状倒卵形,3 浅裂;上部叶无柄或近无柄,狭细分裂或不分裂。花黄色,多生于枝顶,聚合果矩圆形。

【分　布】　我国华东、中南、华北、西南湿地及部分旱地蔬菜田均有分布。

【适用除草剂】　克阔乐、草净津、都阿混剂、津乙伴侣、果尔。

11. 茄　科

龙葵(野落苏)

【形态特征】　一年生草本。株高 30～60 厘米。茎直立，多分枝。叶互生，卵形，先端渐尖，基部广楔形，全缘或具不规则的粗齿。花序生于腋外，聚伞状花序，有花 4～10 朵；花梗长约 5 毫米，下垂；花萼杯状，分裂；花冠白色，分裂。浆果球形，成熟后紫黑色；种子压扁，近卵形。

【分　布】　我国东北、华北、华东、华南各地旱地蔬菜田均有分布。

【适用除草剂】　利谷隆、异丙隆、莠去津、扑草净、赛克津、果尔、津乙伴侣。

12. 旋花科

(1)打碗花(小旋花)

【形态特征】　多年生草本。茎缠绕蔓生或匍匐分枝。叶互生，有长柄；基部的叶全缘，近椭圆形，基部心形；茎上部的叶三角状戟形，倒裂片开展，基部心形。花单生于叶腋，花梗长 2.5～5.5 厘米；花萼外有 2 苞叶，卵圆形，长 0.8～1 厘米，紧贴花萼，宿存；萼片 5，矩圆形；花冠漏斗状，粉白色，直径 2～2.5 厘米；雄蕊 5，贴生于花冠基部；子房 2 室，柱头 2 裂。蒴果卵圆形，稍尖；种子黑褐色。与之相似的有同属的日本打碗花。

【分　布】　我国各地旱地蔬菜田均有分布。

【适用除草剂】　百草敌(定向喷雾)、都阿混剂、津乙伴侣、克阔乐、果尔。

(2)田旋花(中国旋花)

【形态特征】　多年生草本。根状茎横走。茎蔓生或缠绕。叶互生，戟形。花序腋生，有花 1～3 朵，花梗长 3～8 厘米；苞片 2，条形，与花萼远离。花、果似打碗花。

【分　布】　我国各地旱地蔬菜田均有分布。

【适用除草剂】　百草敌(定向喷雾)、都阿混剂、津乙伴侣、都尔、果尔、恶草灵、伴地农。

13. 马齿苋科

马齿苋(酱板草)

【形态特征】　一年生肉质草本。茎多枝,可卧于地面,绿色或紫红色。单叶,对生,有时互生,矩圆形或倒卵形,全缘,肉质,光滑无毛。花2~8朵,顶生;萼片2;花瓣5,黄色,具凹头,下部结合;雄蕊8~12;子房半下位,花柱4~6。果为盖裂的蒴果;种子多数,黑褐色,肾状卵圆形。

【分　布】　全国各地旱地蔬菜田均有分布。

【适用除草剂】　豆科威、地乐胺、除草通、绿麦隆、利谷隆、恶草灵、广灭灵、赛克津、果尔。

14. 茜草科

猪殃殃(拉拉藤)

【形态特征】　一年生草本。茎多自基部分枝,四棱形;棱上、叶缘及叶背面中脉上均有倒生小刺毛,攀附于他物向上或伏地蔓生。叶4~8片,轮生,近无柄;叶片条状倒披针形,1脉。花序聚伞形腋生或顶生,小序单生或2~3个簇生,有花数朵;花小,黄绿色,花萼被钩毛,花冠辐状排列,裂片矩圆形,长不及1毫米。小坚果球形,密被钩状刺毛。

【分　布】　我国华东、中南、华北和西北旱地蔬菜田均有分布。

【适用除草剂】　绿麦隆、除草通、甜菜宁、地乐酚、果尔、阔叶散、阔叶净、异丙隆。

15. 锦葵科

野西瓜苗

【形态特征】 一年生草本。茎平卧或斜生,被白色粗毛。叶互生,有柄;叶片掌状,3～5深裂。花单生于叶腋,副萼条形,约11片;萼5裂,膜质透明,三角形,有紫色条纹,宿存;花瓣淡黄色或白色,基部紫色。蒴果矩圆状球形;种子肾形。

【分　　布】 我国各地旱地蔬菜田均有分布。

【适用除草剂】 利谷隆、甜菜宁、赛克津、阔叶散、广灭灵、果尔、津乙伴侣。

16. 桑　科

葎草(葛麻藤)

【形态特征】 一年生缠绕草本。茎和叶柄都有倒钩刺。叶对生,掌状5～7深裂,叶缘具粗锯齿,两面都有粗糙的毛。花单性,雌雄异株;雄花小,淡黄色,着生在圆锥花序上,花被片和雄蕊各5枚;雌花序穗状,每2朵花外有1卵形的苞片,花被退化为一全缘的膜质片。瘦果淡黄色,扁圆形。

【分　　布】 我国东北、华北、华南、华东地区和台湾等地旱地蔬菜田均有分布。

【适用除草剂】 百草敌(定向喷雾)、阔叶净、阔叶散。

17. 莎草科

(1)香附子

【形态特征】 多年生草本。株高10～40厘米。根茎条形,有卵形或扁锤形的块茎,坚硬,褐色或黑色,有香味并有须根。茎单生,秃净光滑,上部三棱形。叶基生呈3行排列,条形,长5～10厘米。长侧枝聚伞花序或复出,单生在秆顶,紫褐色;小穗条形,长15～20毫米。坚果矩圆状倒卵形,有3棱。

【分　　布】 我国华东、华南、西南等热带、亚热带和暖温带南部地区均有分布,是主要的旱地蔬菜田多年生杂草。

【适用除草剂】 恶草灵、草克星、莎扑隆、敌草隆、环草特、菌达灭。

(2)碎米莎草

【形态特征】 一年生草本。秆丛生,高8~25厘米,扁三棱形。叶基生,条形,鞘红棕色。苞片3~5,叶状,下部的长于花序;长侧枝聚伞花序复出,辐射枝4~6,每枝有4~10个穗状花序;小穗矩圆形,压扁,宽约2毫米;小穗轴近无翅;鳞片顶端有干膜质的边缘。小坚果倒卵形或椭圆形,有三棱,5鳞片等长,褐色,密生突起的细点。

【分　布】 我国暖温带、亚热带和热带地区的湿地蔬菜田均有分布,水生蔬菜田亦有分布。

【适用除草剂】 丁草胺、乙草胺、扫莆特、除草通、农得时、草克星、恶草灵、仙治。

(3)异型莎草

【形态特征】 一年生簇生草本。株高10~60厘米,秆直立,扁三棱形,黄绿色,质地柔软。叶略短于秆,条形,宽2~4毫米,叶鞘红褐色。苞片2~3,叶状,长于花序;长侧枝聚状花序,有多数微细小穗集成的头状花序,有的辐射枝短缩,形成状如单生的头状花序,淡褐色至黑褐色。坚果倒卵形或三棱形,黄褐色。

【分　布】 我国各地水生蔬菜田均有分布,湿地蔬菜田亦有分布。

【适用除草剂】 丁草胺、乙草胺、扫莆特、除草通、农得时、克草星、恶草灵、仙治。

三、菜田杂草的综合防除措施

菜田杂草综合防除的基本概念是：从生物和环境关系的整体观点出发，本着预防为主的指导思想和安全、经济、有效、简易的原则，因地因时制宜，合理运用农业、生物、化学、物理的方法以及其他有效的生态手段，把杂草控制在不足危害的水平，以达到既可保证作物增产，又不损伤人、畜健康的目的。

（一）农业防除

农业防除措施包括轮作、选种、施用腐熟的有机肥料、合理密植、淹水灭草等。

1. 轮作灭草

不同的蔬菜田都有它自己的伴生杂草，这些杂草所需的生态环境与菜田作物相似。例如异型莎草、鸭舌草等水生杂草，它们所需的生态环境与水生蔬菜如茭白相似，因而成为茭白的伴生杂草；马唐、小藜等旱地杂草所需的生态环境与旱地蔬菜的马铃薯相似，因此，马唐、小藜等为马铃薯田的主要杂草。如果用水旱轮作的方法，改变其生态环境，以上这些杂草都无法生存。因此，水旱轮作对于控制杂草危害的效果是十分明显的。

2. 精选作物种子

杂草传播的途径之一是随作物种子传播，这种传播往往随着种子的长途调运，人为地造成杂草种子的远距离扩散。清除混杂在作物种子中的杂草种子，是一种经济有效的方法。生产单位可购买经过精选的蔬菜种子或通过晒种、风选、筛选、盐水选、泥水选、硫酸铵水选种等方法汰除草籽。

3. 施用腐熟的厩肥

厩肥是农家的主要有机肥料,其来源十分广泛。如牲畜粪肥、杂草、秸秆沤制的堆肥,饲料残渣、粮油加工的下脚料等均为农家常用的有机肥。在这些肥料中,大都程度不同地带有一些杂草种子,如果这些肥料不经过充分腐熟而施入田间,所带的杂草种子就会在蔬菜田里萌芽生长,造成危害。因此,堆肥或厩肥必须经过 50℃～70℃ 高温堆沤处理,闷死或烧死在肥料中的杂草种子,然后方可施入田中。

4. 合理密植,以密控草

科学的合理密植,能加速蔬菜的封行进程。利用蔬菜自身的群体优势抑制杂草的生长,即以密控草,它可以收到较好的防除效果。如大豆田实行宽行密植,前期杂草发生数量多而且集中,有利于机械或化学防除;后期密植大豆又可抑制杂草的生长,是有效的农业防除措施之一。

5. 灌水淹草

根据杂草的生育特性,采取灌水淹草的方法能有效地控制水生杂草。如水生蔬菜田杂草千金子,其种子萌芽时要求土壤湿润,但不能淹水,如在千金子萌芽时期灌水 2 天以上,就能消灭 70%～80% 的千金子。

(二)机 械 防 除

机械防除是采用各种农业机械,包括手工工具和机动工具,在不同季节,采用不同方法,消灭田间不同时期的杂草。其方法主要有以下几个方面:

1. 深 耕

深耕不但能防除种子繁殖的一年生杂草,并且能有效地铲除地下根茎,防除苣荬菜、刺儿菜、香附子、狗牙根、芦苇等多年生杂草。

2. 少耕与免耕

近十多年来,不少地区推广少耕法和免耕法。从生产实践出发,在近期内浅耕或免耕可使杂草种子留在地表浅土层中,增加杂草种子出苗的机会,当大部分杂草出土后,通过化学除草等方法集中防除,则收效更大。进行少耕或免耕必须与耕作和化学除草密切配合,否则会造成严重的草害。从长远看,浅耕或免耕既可减少土壤中杂草种子的感染程度,又可使深层的杂草种子不能出土,同时又可减少土壤流失,可取得保持水土和灭草的双重效果。

3. 苗期中耕

苗期中耕是疏松土壤、提高地温、防止土壤水分蒸发、促进作物生长发育和消灭杂草的重要方法之一。中耕的次数根据蔬菜的种类、生育期而定,原则上要将一年生杂草消灭在结实之前,使散落在田间的杂草种子逐年减少。对多年生杂草主要是切断其地下根茎,削弱其积蓄养分的能力,使其长势逐步衰竭而死亡。

(三)人 工 防 除

人工防除是最原始、最普遍的防除方法,目前在大部分菜区仍在沿用。它对于散播的蔬菜田尤为有效,因为散播蔬菜田不能用机械方法清除,只能靠人工耐心拔除。但这种方法工效太低,并且容易影响蔬菜的扎根。

(四)生 物 防 除

利用禽、鱼、昆虫、菌类及植物异株克生性等生物防除技术防除杂草,既可减少除草剂对环境的污染,又有利于自然界的生态平衡,近年来已日益引起各国的重视,有些项目已大面积推广应用,取得显著效果。

1. 利用禽、鱼除草

我国南方茭白等水生蔬菜田有放鸭(鹅)除草的习惯。茭白成株后赶鸭入田可吃掉部分杂草。20世纪80年代以来,浙江、江苏、湖北、四川、安徽等地开展养鱼除草,效果显著,其中以草鱼食量最大,对茭白田中15科20种杂草都有抑制作用。有些地区的高秆旱地蔬菜田可放鹅(鸭)进田取食杂草。

2. 以昆虫灭草

湖北五三农垦科研所在当地发现取食香附子的尖翅小卷蛾,初孵幼虫沿香附子叶背行至心叶,吐丝并蛀入嫩心,使心叶失绿萎蔫枯死,继而蛀入鳞茎,咬断输导组织,致使香附子整株死亡。另防除豚草、紫茎泽兰的实蝇亦由研究向应用方面发展。此外,还有喜食扁秆藨草的尖翅小卷蛾,专食蓼科杂草的褐小黄叶甲,取食眼子菜的斑水螟,嗜食黄花蒿的尖翅筒喙象,专食稗草的稗草螟,喜食萹蓄的角胫叶虫甲等都已被研究部门列入了昆虫除草的研究课题,其发展前景是十分广阔的。

3. 以菌灭草

我国自行开发研制的鲁保一号,是利用真菌防除菟丝子的生物制剂。当大豆田有菟丝子后,以每毫升含孢子2 000万~3 000万个的鲁保一号菌液,在晴天早晚或阴天、小雨天喷雾。这些孢子能吸水萌芽,长出侵染丝,穿透菟丝子表皮组织进入其内部并分泌毒汁,使菟丝子感病死亡。新疆哈密动植物检疫站从自然罹病的埃及列当上分离获得的一种寄生真菌,制成防菌 F_{798},采用割茎涂液的方法防除埃及列当,可收到95%以上的防除效果。

国外的研究发现,寄生性的锈病与白粉病,能抑制难以根除的苣荬菜、红矢车菊、田旋花。一种锈病能使大蓟的茎、叶变形至停止生长,致使 80% 的大蓟死亡。美国密执安州大学在 23 个土壤试样中,分离出一些微生物,能强烈抑制稗草、独行菜的生长。据专家估计,21 世纪真菌除草剂将可控制 30 多种杂草。

4. 利用植物灭草

利用植物的异株克生特性,防除杂草亦日益引起科学工作者的重视。例如某些黄瓜品种可抑制白芥和黍草的生长,用稻草覆盖越冬蔬菜可减少看麦娘危害等。利用植物防除杂草,免用或少用除草剂是有可能的。

（五）杂草检疫

杂草检疫是植物检疫的重要组成部分。它是依据国家制定的植物检疫法,防止国内外危险性杂草传播的重要手段。通过农产品检疫可以防止国外危险性的变性杂草进入我国(外检),同时也可防止省与省之间、地区与地区之间危险性杂草的传播(内检),所以是杂草综合防除的重要方面。

（六）化学防除

化学防除方法是利用除草剂防除杂草的方法,是目前世界上发展最快、最经济有效的方法之一。其主要优点如下:

1. 省　工

菜田化学除草,可以提高劳动生产率,减轻劳动强度,所以很受菜农的欢迎。据调查,使用化学除草技术除草,育苗韭菜田每 667 平方米(亩,下同)可节省人工除草用工 25～40 个,胡萝卜田可节省人工除草用工 10～12 个,小葱田可节省人工除草用工 15～25 个。

2. 增　产

菜田使用除草剂后,由于控制了杂草危害,一般都能增产增收。如上海市郊区马铃薯大田除草示范结果,应用 84% 仙治增产 69.59%,利用 48% 氟乐灵增产 67.38%,利用绿麦隆增产 57.82%,利用 50% 赛克津增产 52.81%,利用 50% 大惠利增产 44.13%。此外,施用除草剂后蔬菜的品质亦有不同程度的提高。

3. 成 本 低

蔬菜是一种产值较高的经济作物,应用化学除草方法防除菜田杂草不但省工,并且成本较低,一般每公顷花药费75~150 元,能收到 1 500 元左右的经济效益。

4. 间接效益十分明显

由于采用化学防除方法替代了传统的人工除草,可大大节省劳力,节余的劳力则可用于蔬菜的精细管理,增加蔬菜产量,或从事工、副业等其他行业,从而大大增加收入。

目前,我国在水稻等粮食作物和大豆等油料作物田使用化学除草已全面展开,并已形成体系。但在蔬菜田进行化学除草则起步较迟,进展缓慢。因此在蔬菜田的杂草防除中,有必要大力提倡、积极推广化学防除技术的应用。

(七)物理防除

通过覆盖,防止光的照射,抑制杂草的光合作用,造成杂草幼苗死亡或阻碍杂草种子萌发的方法是目前应用较为普遍的物理防除方法之一。利用各种塑料薄膜,包括不同颜色的色膜(除草效果以黑膜最好,较一般无色塑料薄膜提高防效50%左右)、涂有防草剂的药膜等覆盖作物,不仅能控制杂草危害,并且能增温保水,是一项重要的增产措施,现正大面积推广应用。用秸秆、干草、有机肥料等材料覆盖，在部分地区亦有应用，同样可收到一定的除草效果。

此外，火焰除草、电力除草亦是物理防除方法，但前者不安全，后者不经济，目前已都不采用。

（八）其他新的防除方法

近年来随着生物技术，特别是DNA重组技术的发展，选育抗除草剂蔬菜新品种已成为可能，如抗赛克津等三氮苯类除草剂的甘蓝、萝卜等十字花科蔬菜已经出现，在这种田块用赛克津等三氮苯类除草剂，能杀死杂草，但对蔬菜安全。

第二章 各种不同类型蔬菜地 杂草的综合防除技术

一、茄果类蔬菜

（一）杂草的发生与危害

茄果类蔬菜包括茄子、番茄、辣椒等。这类蔬菜可进行保护地栽培和露地栽培，大多数是采用先育苗、后移栽的栽培方式。茄果类蔬菜种植范围较广，而各地蔬菜田的土壤、气候、耕作制度、栽培方式等各方面条件又极不相同，因此，杂草种群结构有较大差异。综合来看，主要有：旱稗、马唐、牛筋草、狗尾草、千金子、狗牙根、藜、小藜、灰绿藜、反枝苋、凹头苋、马齿苋、刺兜菜、紫繁缕、铁苋菜、荠菜、婆婆纳、猪殃殃、三棱草、碎米莎草、通泉草等。

近年来薄膜覆盖、保护地栽培在全国茄果类蔬菜栽培中发展很快，由于栽培方式的变化，茄果类蔬菜田杂草的发生特点也有了新的变化。这里以上海市郊区春夏番茄为例，作一大概介绍。上海地区春夏番茄基本上采用薄膜覆盖，保护地栽培，一般是先育苗，后移栽。这种栽培方式的番茄，在3月中下旬播种育苗，4月中下旬移栽，田间杂草为春夏型杂草，主要有马唐、旱稗、凹头苋、三棱草、小藜等。杂草在4月下旬至5月上旬即番茄移栽后10～15天达到危害高峰。由于番茄田土壤肥沃，杂草发生旺盛，严重影响番茄的生长。同时，由于杂草株高迅速增长,番茄田覆盖的薄膜往往被刺破,失去其保温调湿等应有的功能,对番茄生长、结果极为不利。

(二)综合防除措施

1. 苗床除草

(1)化学防除　播种前每 667 平方米用 48%氟乐灵乳油 100～150 毫升,加水 50 升喷雾,施药后立即混土 3 厘米深,然后播种;或每 667 平方米用 72%都尔乳油 100～150 毫升,加水 50 升作播前土壤处理;或每 667 平方米用 48%拉索乳油 150～200 毫升,加水 50 升喷雾浅混土;或每 667 平方米用 96%金都尔乳剂 50 毫升,加水 50 升喷雾,然后播种;或每 667 平方米用 50%丁草胺乳油 100～125 毫升,加水 50 升喷雾。干旱天气应浇水保持土壤湿润,再喷药。番茄苗期和禾本科杂草 3～5 叶期,每 667 平方米用 10%禾草克乳油 50～100 毫升,或每 667 平方米用 35%稳杀得乳油 50～75 毫升,或每 667 平方米用 10.8%高效盖草能乳油 20～35 毫升,或用 5%高效盖草灵 50～75 毫升,加水 50 升作茎叶喷雾,消灭马唐等禾本科杂草,对番茄苗很安全。

(2)其他显效措施

第一,苗床应选择历年杂草发生草害少、土质肥沃的砂壤土田块。

第二,苗床所使用的猪粪、牛粪等有机肥料必须充分腐熟,假植所用的营养基质不带杂草种子,减少杂草发生的种群数。

第三,结合人工间苗、定苗、假植,拔除杂草。

2. 移栽期和生长结果期除草

(1)化学防除　根据杂草的发生规律,茄果类蔬菜田化学除草有4个施药时期：一是播后苗前土壤处理。可用的除草剂品种主要有大惠利、杀草丹、豆科威等。二是移栽前土壤处理。可用的除草剂品种主要有除草通、乙草胺、果尔、地乐胺、拉索、丁草胺、仙治等。三是移栽后土壤处理。常用的除草剂品种主要有都尔、毒草胺、大惠利、杀草丹、伏草隆、稗草稀等。四是苗后禾本科杂草3～5叶期茎叶喷雾。适用的除草剂品种主要有禾草克、稳杀得、拿捕净、高效盖草能等。

①48%氟乐灵　该药可有效防除马唐、牛筋草、稗草、狗尾草、千金子等多种一年生禾本科杂草，对藜、蓼、苋等小粒种子的阔叶杂草有一定的防治效果，对莎草和多种阔叶杂草无效。于茄果类作物移栽前或移栽后用喷雾法进行土壤处理。每667平方米用48%氟乐灵乳油100～150毫升；施药后立即混土3～5厘米深，然后覆盖地膜打孔移栽或露地移栽。由于北方地区土壤有机质含量较高，且易发生干旱，可通过试验适当增加施药量。

②48%地乐胺　该药防除稗草、牛筋草、马唐、狗尾草等一年生禾本科杂草效果好，对部分小粒种阔叶杂草和莎草也有一定效果，对苍耳、铁苋菜等阔叶杂草防治效果差。于茄科作物移栽前，每667平方米用48%地乐胺乳油150～300毫升，加水30升左右，用喷雾法进行土壤处理，施药后立即混土3～5厘米深，然后覆盖地膜打孔移栽或露地移栽。

③33%除草通（施田补）　该药主要用于防除禾本科杂草，对部分小粒种阔叶杂草也有一定效果。于茄科作物移栽前用喷雾法进行土壤处理，每667平方米用33%除草通乳油150～300毫升，施药后立即混土3～5厘米深，然后覆盖地膜打孔移栽或露地移栽。也可用于播后苗前施药，不必混土，安全高效。

④72％都尔　该药对牛筋草、马唐、狗尾草、稗草等一年生禾本科杂草有特效,对部分小粒种子的阔叶杂草如藜、马齿苋等也有一定的防治效果。可于茄子、番茄、辣椒移栽前或定植缓苗后、杂草出苗以前,每 667 平方米用 72％都尔乳油 100～150 毫升,加水 30 升对地面喷雾;苗床于播种覆土后施药,然后盖膜。提高除草效果的关键:一是注意施药适期。要在杂草出土前施药,该药对已出土杂草效果极差。二是要求土壤墒情好。在干旱情况下,施药后浅混土有利于药效的发挥。

⑤48％拉索(甲草胺)　该药对防治一年生禾本科杂草效果好,对部分阔叶杂草也有效。可在番茄、辣椒等播种前或移栽前,每 667 平方米用 48％拉索乳油 150～200 毫升,加水 40～50 升,均匀喷雾,浅混土后播种或移栽。若施药后覆盖地膜,则用药量应适当减少 1/3～1/2。

⑥50％乙草胺　该药对一年生禾本科杂草和凹头苋、小藜、牛繁缕等小粒种阔叶杂草有较好效果。移栽前进行土壤处理,每 667 平方米用 50％乙草胺乳油 75～150 毫升,干旱时施药应适当增加剂量,浅混土。

⑦60％丁草胺　该药对一年生禾本科杂草和莎草及凹头苋、小藜、牛繁缕等小粒种阔叶杂草有较好效果。铺膜前或移栽前进行土壤处理,每 667 平方米用 60％丁草胺乳油 100～150 毫升,干旱时施药应先浇水保持土壤湿润,然后再喷药。

⑧50％毒草胺　该药为选择性触杀型芽前处理除草剂,对多种单子叶杂草和一些双子叶杂草,如稗草、狗尾草、灰菜、野苋、龙葵、马齿苋、马唐等除草效果好,对红蓼、苍耳等除草效果差,对多年生杂草无效。在茄子、番茄和辣椒移栽缓苗或开沟培土后或铺膜前,每 667 平方米用 30％毒草胺乳油 500～750 毫升,加水喷雾处理土表,对作物安全,对防除单子

叶一年生杂草效果好。药效受土壤湿度影响较大,在过于干旱的情况下效果差;同时药剂必须在杂草出土前施用。

⑨50%杀草丹 该药防除禾本科杂草效果好,对部分阔叶杂草也有效。可防除的单子叶杂草有稗草、牛毛、三棱草、马唐、狗尾草、牛筋草、看麦娘等;可防除的双子叶杂草有蓼、繁缕、马齿苋、藜等。于茄子、番茄、辣椒移栽前或定植缓苗后和杂草出苗以前对地面喷雾,每 667 平方米用 50%杀草丹乳油 300～400 毫升。苗床于播种覆土后施药,然后盖膜。提高除草效果的关键:一是注意施药适期。要在杂草出土前施药,该药对已出土杂草效果极差。二是要求墒情好。在干旱情况下,施药后浅混土有利于药效的发挥。防除稗草、马唐等禾本科杂草时,在杂草 3 叶期以前施药有效。

⑩50%稗草稀 该药可防除稗草、马唐等禾本科杂草,在杂草 3 叶期以前施药有效。于茄子、番茄、辣椒定植缓苗后或开沟培土后、杂草出苗以前对地面喷雾,每 667 平方米用 50%稗草稀乳油 600～1 200 毫升,这样对作物极为安全,并能有效地防除单子叶杂草。气温低于 15℃时使用稗草稀,除草效果差,且不安全。

⑪24%果尔 该药对马唐、牛筋草、稗草、狗尾草、千金子、看麦娘、凹头苋、小藜、马齿苋等防除效果好。用量视草相和栽培方式而定,露地栽培田用量适当加大。于移栽前施药,每 667 平方米用 24%果尔乳油 50～100 毫升,不必混土。直播田和移栽后施药有药害。

⑫20%豆科威 该药可防除马唐、稗草、看麦娘、苋菜、藜等多种一年生禾本科杂草和部分阔叶杂草;对刺儿菜、苦荬菜等多年生杂草有一定的抑制作用。可于辣椒、番茄播后苗前施药,施药量根据土壤有机质含量和土质而定,一般每 667 平方

米用20%豆科威水剂700～1 000毫升。露地菜田土表干燥时，施药后可进行浅混土。辣椒、番茄出苗后施用时，只宜作定向喷雾。

⑬84%仙治　该药可防除多种禾本科杂草和阔叶杂草。最佳施药适期为移栽前，每667平方米用84%仙治乳油100～150毫升进行土壤喷雾处理。播后芽前或苗后施药不够安全，尤其是用量高、湿度大时易产生药害。

⑭50%大惠利（敌草胺）　该药对稗草、马唐、牛筋草、野燕麦、看麦娘、狗尾草、马齿苋、反枝苋、刺苋、藜、繁缕、龙葵、苦荬菜等一年生单、双子叶杂草均有很好的防效；对阔叶杂草致死效果差，而鲜重防效往往较好；对已出苗的杂草效果差。于辣椒、番茄、茄子播后苗前或移栽后每667平方米用50%大惠利可湿性粉剂100～200克，加水40～60升均匀喷雾。大惠利用量过高时，对下茬禾谷类作物易产生药害。50%大惠利可湿性粉剂每667平方米150克以下，当季作物生长期90天以上时，对下茬作物影响较小。干旱情况下施药后应进行浅混土或灌溉。

⑮50%伏草隆　该药是广谱性除草剂，可防除稗草、马唐、狗尾草、千金子、看麦娘、早熟禾、繁缕、龙葵、小旋花、马齿苋、铁苋菜、藜、碎米荠等杂草，对多年生的禾本科杂草及深根性杂草无效。可于茄子、辣椒、番茄定植培垄后，每667平方米用50%伏草隆可湿性粉剂75～100克，作定向喷雾土壤处理。由于对已出土杂草效果较差，故施药前应将已出土杂草除去。施药时切忌将药液喷到作物叶片上。为促进药效发挥，施药时必须具有良好的墒情。干旱季节应配合灌水施药。

⑯10%禾草克　该药对禾本科杂草如稗草、牛筋草、马唐、狗尾草等有特效，对阔叶杂草无效。可于番茄等生长结果

初期和禾本科杂草 3～5 叶期,每 667 平方米用 10%禾草克乳油 50～100 毫升茎叶喷雾。

⑰35%稳杀得 该药对禾本科杂草有特效,对阔叶杂草无效;可防除稗、狗尾草、马唐、牛筋草、看麦娘等一年生杂草。可于茄科作物生长结果初期、禾本科杂草 3～5 叶期每 667 平方米用 35%稳杀得乳油 50～75 毫升喷雾。

⑱20%拿捕净 该药对禾本科杂草有特效,如稗草、狗尾草、马唐、牛筋草等;对阔叶杂草无效。于作物生长结果初期、禾本科杂草 3～5 叶期,每 667 平方米用 20%拿捕净乳油 75～100 毫升,加水喷雾。

⑲10.8%高效盖草能 该药对禾本科杂草有特效,对阔叶杂草无效;可防除牛筋草、马唐、稗草、狗尾草等一年生禾本科杂草。可于茄科作物生长结果初期、禾本科杂草 3～5 叶期,每 667 平方米用 10.8%高效盖草能乳油 20～35 毫升加水喷雾。

(2)其他显效措施

第一,深翻暴晒,平整土地,减少杂草发生基数。

第二,使用充分腐熟的有机肥,以减少混于有机肥中的杂草种子萌发后对番茄的危害。

第三,薄膜覆盖时要平整,紧贴地面,不留空隙,做到"紧、严、密、实",充分发挥覆膜保温、保湿、闷杀杂草的效应。

第四,如发现地膜破裂,长出幼小杂草,要及时用湿土置放于地膜破裂处,以封杀杂草。

第五,结合人工松土、培土,拔除或锄掉杂草。

二、根菜类蔬菜

根菜类蔬菜主要包括萝卜、胡萝卜等蔬菜作物。田间主要杂草种类有马唐、马齿苋、稗草、凹头苋、藜、灰绿藜、反枝苋、千金子、牛筋草、空心莲子草、香附子、繁缕、牛繁缕等。以华北地区萝卜田为例，田间杂草种类主要有马齿苋、狗尾草、凹头苋、牛筋草、稗草、马唐、藜、灰绿藜等。

根菜类蔬菜田杂草的发生规律与夏秋旱田农作物基本相似，杂草危害较重。以胡萝卜为例，在北方地区，因草害胡萝卜可减产 20%～50%，重者甚至绝收。

（一）萝卜田杂草防除

萝卜属肉质根类的蔬菜，用穴（点）播种植方式。全国各地均有种植，按其栽培季节分类（播种到采收），分为秋冬萝卜、冬春萝卜、春夏萝卜、夏秋萝卜及四季萝卜 5 类。因各地的环境条件差异较大，因而各地不同时期播种的胡萝卜地杂草发生的种类、危害的情况差异也很大。下面以夏秋萝卜为例来介绍其田间杂草的危害及其防除措施。

1. 夏秋萝卜田杂草种类及危害

夏秋萝卜在上海、南京、杭州、武汉、重庆等地一般在 7 月上中旬至 8 月上旬播种，9 月上旬至 10 中旬收获，其田间杂草一般属夏秋型杂草，主要有禾本科的马唐、千金子、旱稗、狗尾草、牛筋草，莎草科的香附子、碎米莎草、飘拂草，苋科的野苋菜、马齿苋。北方地区主要有小灰藜、辣蓼等杂草，南方地区主要是禾本科和莎草科杂草。此类杂草发生危害期在 7 月中旬至 9 月下旬，如不采用除草措施，必会形成草害，影响萝卜生长、发育和产量。

2.综合防除措施

(1)化学防除 根据杂草的发生规律,萝卜田杂草的化学防除有以下3个适期:一是播前土壤处理。可用的除草剂品种主要有氟乐灵、除草通、拉索、都尔、乙草胺、丁草胺等。二是播后苗(芽)前土壤处理。适用的除草剂品种主要是除草通、大惠利、除草醚、草枯醚、扑草净、杀草丹等。三是苗后禾本科杂草3~5叶期进行茎叶处理。适用的除草剂品种主要有禾草克、稳杀得、高效盖草能、拿捕净等。

①48%氟乐灵 该药可有效防除马唐、牛筋草、稗草、狗尾草、千金子等多种一年生禾本科杂草,对藜、蓼、苋等小粒种子的阔叶杂草有一定的防除效果,对莎草和多种阔叶杂草无效。可于萝卜播前5~14天,每667平方米用48%氟乐灵乳油100~150毫升,加水30~40升对地面喷雾,随后混土5~7厘米深。

②33%除草通 该药可防除稗草、马唐、狗尾草、早熟禾、藜、苋等杂草。可于萝卜播种前5~14天,每667平方米用33%除草通乳油150~300毫升,加水30~40升对地面喷雾;也可于播后苗前施药(用量减半)。喷药后不必混土。

③48%拉索 该药对防治一年生禾本科杂草及部分阔叶杂草效果显著。可在萝卜播种前,每667平方米用48%拉索乳油150~200毫升,加水40~50升,均匀喷雾,浅混土后播种。

④72%都尔 该药对牛筋草、马唐、狗尾草、稗草等一年生禾本科杂草有特效;对部分小粒种子的阔叶杂草,如凹头苋、马齿苋、小藜、牛繁缕等也有一定的防除效果。于萝卜播种前进行土壤处理,每667平方米用72%都尔乳油100~150

毫升;干旱时施药应适当增加剂量,浅混土。

⑤50%乙草胺 该药对一年生禾本科杂草和凹头苋、小藜、牛繁缕等小粒种阔叶杂草有较好防效。播种前进行土壤处理,每667平方米用50%乙草胺乳油75～150毫升;干旱时施药应适当增加剂量,浅混土。也可于播后苗前施药,每667平方米用量不超过50毫升,墒情好时可用30毫升剂量。

⑥60%丁草胺 该药对一年生禾本科杂草和凹头苋、小藜、牛繁缕等小粒种阔叶杂草有较好防效。播种前进行土壤处理,每667平方米用60%丁草胺乳油100～150毫升;干旱时施药应适当增加剂量,浅混土。

⑦50%大惠利 该药对稗草、马唐、牛筋草、野燕麦、看麦娘、狗尾草、马齿苋、反枝苋、刺苋、藜、繁缕、龙葵、苦荬菜等一年生单、双子叶杂草均有很好的防效;对阔叶杂草致死效果差,而鲜重防效往往较好;对已出苗的杂草效果差。可于萝卜播种后出苗前,在土壤湿润情况下,每667平方米用50%大惠利可湿性粉剂100～200克,以喷雾法或土壤撒施法进行土壤处理。施药量随土壤有机质含量、土质、气温、墒情等条件变化灵活掌握。由于大惠利有较强的挥发性,夏季露地施药时不利于保墒,且易于挥发,不易保证药效。可于播后第二天傍晚,畦面浇足水后施药,其药效高于播后立即施药。如果至第三天施药,则杂草已出土,防效较差,对菜苗也不够安全。若播种施药后覆盖遮阳网,浇足水,不仅能保持土壤水分,提高除草效果,而且有利于萝卜出苗。

⑧25%除草醚 该药具有一定的选择性,见光才能产生活性,对多种一年生杂草防效好,对多年生杂草防效差。于萝卜播种后立即施药,每667平方米用25%除草醚可湿性粉剂500～750克(南方400～500克),加水50～75升,喷雾处理

土壤;出苗后施药效果差且易产生药害。在土地平整、土壤潮湿条件下施药除草效果好。喷雾时应在晴朗无风条件下进行,不要破坏药土层。

⑨20%草枯醚　该药对一年生禾本科杂草和部分阔叶杂草有防效,对马齿苋、莎草、马唐、三棱草等无效。每667平方米用20%草枯醚乳油350～400毫升,播种后立即施药处理土表。出苗后施药效果差,且易产生药害。

⑩50%扑草净　该药对一年生单、双子叶杂草均有很好的防除效果,其中藜、苋菜、马齿苋对其敏感,稗草、狗尾草、马唐和早熟禾在生长的早期对其也敏感。可于萝卜播后芽前用喷雾法进行土壤处理,每667平方米用50%扑草净可湿性粉剂75～100克。土壤湿度大,有利于药效的发挥,除草效果好。注意严格掌握用量,防止产生药害。

⑪50%杀草丹　该药可防除的单子叶杂草有稗草、牛毛草、三棱草、马唐、狗尾草、牛筋草、看麦娘等,双子叶杂草有蓼、繁缕、马齿苋、藜等。于萝卜播后芽前用喷雾法进行土壤处理,每667平方米用50%杀草丹乳油100～150毫升。

⑫10%禾草克　该药对防除禾本科杂草如稗草、牛筋草、马唐、狗尾草等有特效,对阔叶杂草无效。可于萝卜出苗后,禾本科杂草3～5叶期,每667平方米用10%禾草克乳油50～80毫升茎叶喷雾。

⑬35%稳杀得　该药对防除禾本科杂草有特效,对阔叶杂草无效;可防除稗、狗尾草、马唐、牛筋草、看麦娘等一年生杂草。可于禾本科杂草3～5叶期,每667平方米用35%稳杀得乳油50～80毫升茎叶喷雾。

⑭10.8%高效盖草能　该药对防除禾本科杂草有特效,对阔叶杂草无效。可防除牛筋草、马唐、稗草、狗尾草等一年生

禾本科杂草。可于萝卜出苗后，禾本科杂草3～5叶期，每667平方米用10.8％高效盖草能乳油20～35毫升加水茎叶喷雾。

⑮20％拿捕净　该药对防除禾本科杂草有特效，如稗草、狗尾草、马唐、牛筋草等；对防除阔叶杂草无效。于萝卜出苗后，禾本科杂草3～5叶期，每667平方米用20％拿捕净乳油75～100毫升茎叶喷雾。

(2)其他显效措施

第一，深翻暴晒，平整田块，清除残留的杂草，减少和抑制土壤中草籽的萌发。

第二，精选、浸泡萝卜种子，剔除混于萝卜种子中的杂草种子。

第三，合理密植，穴(点)播萝卜。其行距为15～18厘米，株距为14～15厘米，使萝卜苗占有较多的地面，减少杂草的发生与危害。

第四，播后覆盖稻、麦等作物秸秆和灰肥等，以保持水分，保证出苗迅速整齐，控制杂草生长与危害。

第五，套种速生性小白菜，控制杂草的种群数，以减少草害。

(二)胡萝卜田杂草防除

1. 杂草发生与危害

胡萝卜属二年生蔬菜，在江苏、上海、浙江等地一般在7～8月份播种，11月下旬至第二年1～2月份收获。胡萝卜田杂草以夏秋季杂草危害为主，另有部分秋冬季杂草危害，如早熟禾、早稗、狗尾草、千金子、牛筋草、雀舌草、繁缕、辣蓼、小灰藜等。南方地区以看麦娘、早熟禾、繁缕等草害为主，北方地区以小灰藜等草害为主。一般在9月下旬至11月下旬是杂草发生危害盛期。胡萝卜为撒播蔬菜,其苗期生长缓慢,很容易被杂草(特别是看麦娘和藜科杂草)欺苗,人工难以除草,草害严重,务必采取多种除草措施。

2. 综合防除措施

(1)化学除草 根据杂草的发生规律,胡萝卜田杂草的化学防除有以下3个适期:一是播前土壤处理。可用的除草剂品种主要有氟乐灵、地乐胺等。二是播后苗前土壤处理。适用的除草剂品种主要是除草醚、扑草净、杀草丹、利谷隆、豆科威等。三是苗后禾本科杂草3～5叶期进行茎叶处理。适用的除草剂品种主要有禾草克、稳杀得、高效盖草能、拿捕净等。

①48%氟乐灵 该药可有效防除马唐、牛筋草、稗草、狗尾草、千金子等多种一年生禾本科杂草,对藜、蓼、苋等小粒种子的阔叶杂草有一定的防除效果,对莎草和多种阔叶杂草无效。在胡萝卜播种前,每667平方米用48%氟乐灵乳油100～150毫升,进行土壤喷雾处理,施药后混土2～3厘米深。

②48%地乐胺 该药可防除稗草、牛筋草、马唐、狗尾草等一年生单子叶杂草及部分双子叶杂草。在胡萝卜播种前,每667平方米用48%地乐胺乳油200毫升,进行土壤喷雾处理,施药后混土2～3厘米深。

③25%除草醚 该药具有一定的选择性,见光才能产生活性,对多种一年生杂草防效好,对多年生杂草防效差。于胡萝卜播种后立即施药,每667平方米用25%除草醚可湿性粉剂750～1 000克,加水50～75升,喷雾处理土壤;出苗后施药效果差,且易产生药害。在土地平整、土壤潮湿的条件下施药效果好;喷雾时应在晴朗无风条件下进行,不要破坏药土层。

④50%扑草净 该药对一年生单、双子叶杂草均有很好的防除效果,其中藜、苋菜、马齿苋对其敏感,稗草、狗尾草、马唐和早熟禾在生长的早期对其也敏感。于播后苗前每 667 平方米用 50%扑草净可湿性粉剂 100 克进行土壤处理,除草效果好;也可在胡萝卜 1～2 叶期用药。土壤湿度大,有利于药效的发挥,除草效果好。注意严格掌握用量,防止产生药害。

⑤50%杀草丹 该药可防除多种一年生单、双子叶杂草。可防除的单子叶杂草有稗草、牛毛草、三棱草、马唐、狗尾草、牛筋草、看麦娘等,可防除的双子叶杂草有蓼、繁缕、马齿苋、藜等。于胡萝卜播后苗前进行土壤处理,每 667 平方米用 50%杀草丹乳油 300～400 毫升。

⑥25%利谷隆 该药对菜田单、双子叶杂草及某些越年生和多年生杂草都有很好的防除效果,尤其对双子叶杂草防效更好。主要是在播后苗前进行土壤处理,一般每 667 平方米用 25%利谷隆可湿性粉剂 250～400 克。用药后不要破坏土壤表层,否则会降低除草效果。

⑦20%豆科威 该药可防除马唐、稗草、看麦娘、苋菜、藜等多种一年生禾本科杂草和部分阔叶杂草,对刺儿菜、苦荬菜等多年生杂草有一定的抑制作用。于胡萝卜播后苗前进行土壤处理,每 667 平方米用 20%豆科威水剂 700～1 000 毫升。

⑧10%禾草克 该药对防除禾本科杂草如稗草、牛筋草、马唐、狗尾草等有特效,对阔叶杂草无效。可于胡萝卜苗后,禾本科杂草 3～5 叶期,每 667 平方米用 10%禾草克乳油 50～70 毫升茎叶喷雾。

⑨35%稳杀得 该药对防除禾本科杂草有特效,对阔叶杂草无效。可防除稗、狗尾草、马唐、牛筋草、看麦娘等一年生杂草。可于禾本科杂草 3～5 叶期,每 667 平方米用 35%稳杀

施后很快分解为无毒物,对白菜无副作用。喷施时药液不能飞溅到绿色作物上,否则易产生药害。喷药时如遇到降水淋冲,宜补喷1次,方可收到理想的防除效果。

(2)播种至芽期除草

①50%丁草胺 广谱性除草剂,能杀灭多种杂草。每667平方米用50%丁草胺75~100毫升,加水50升,播前1~2天或播后发芽前地面喷施。在阴雨天气喷药防效好,如遇7~8天干旱天气,宜先人工浇水至土表潮湿,然后再施药,药后7~10天,每天坚持浇水,方可收到较好的防效。

②48%氟乐灵 广谱性除草剂,能杀灭多种一年生杂草。对香附子防效差,一般适合于较干旱砂壤土菜田除草。播前2天施药,每667平方米用48%氟乐灵乳油100毫升,加水30~40升,喷施土表后立即盖土3~4厘米厚,能防除旱稗、马唐、牛筋草等多种芽期杂草。

③72%都尔 广谱性芽期除草剂。每667平方米用72%都尔乳油100毫升,加水50升,播前1~2天,阴雨天或田间湿度大时喷施,然后播种。对马唐、旱稗、牛筋草、莎草等杂草防效达90%以上,对难以防除的野苋草的防效可达50%~60%。

④48%拉索 广谱性除草剂。播前1天施药,每667平方米用48%拉索乳油150毫升,加水50升喷雾。

⑤96%金都尔 广谱性芽期除草剂。播前1~2天施药,每667平方米用96%金都尔50~60毫升,加水50升喷雾。土壤湿润或阴雨天喷药较好,如遇干旱天气,宜先喷水使土表湿润,然后再施药。

(3)生长期除草

①10%禾草克 播后12~15天,即白菜4叶期、杂草3~

5 叶期时,每 667 平方米用 10％禾草克 40～50 毫升,加水 50 升喷雾。如干旱季节施药,药后 7 天内坚持浇水,保持土表湿润,对马唐等单子叶杂草防效达 95％以上,对白菜十分安全。

②15％精稳杀得　选择性除草剂。每 667 平方米用 15％精稳杀得 50～60 毫升,加水 40 升喷雾,其他同禾草克。

③10.8％高效盖草能　选择性除草剂。每 667 平方米用 10.8％高效盖草能 50 毫升,加水 40 升喷雾,其他同禾草克。

④禾草克加丁草胺　播后 12～15 天,即白菜 4 叶期,马唐等单子叶杂草 3～4 叶期,香附子萌发期施药。每 667 平方米用禾草克 30 毫升,加丁草胺 60 毫升喷雾,阴雨天防效好,在少雨干旱的天气施药,需每天浇水,坚持 7 天,保持土表湿润。对马唐等禾本科杂草防效达 95％,对莎草科香附子的防效达 80％～85％,对白菜很安全。

⑤稳杀得加丁草胺　施用期、用药量、施药方法、对天气和土壤湿度的要求及除草效果同禾草克加丁草胺。

⑥20％拿捕净　该药对防除看麦娘、马唐、早熟禾、千金子、旱稗、狗尾草等禾本科杂草有特效,对野苋菜、繁缕等阔叶杂草无效。白菜播种后 15～20 天,禾本科杂草 3～5 叶期,每 667 平方米用拿捕净 75～100 毫升,加水 50 升喷雾。

菜心田的除草,其杂草种类及危害特点与防除技术基本与小白菜相同。

大白菜(结球白菜)一般采用点(穴)播种植,属秋、冬季蔬菜,田间发生的杂草属秋、冬季杂草,其杂草种类及防除可参考小白菜田有关秋、冬季杂草防除的内容。另外,大白菜种植过程中,采用地膜覆盖栽培技术,可有效地控制杂草的发生与危害,这是在大白菜生产中推广应用的农业防除杂草的有效措施。

2. 其他显效措施

（1）合理轮作　特别是水旱轮作可改变杂草的生态环境，从而中断某些杂草种子传播或控制某些杂草发生危害。如春、夏种植小白菜后，7月份改种晚稻，使马唐、牛筋草、狗尾草等杂草的种子长期浸泡在水里，失去发芽能力，可减少其第二年对白菜的危害。

（2）间套混作　杂草种子有20%左右是由光诱导发芽的，通过间套混种，在田间构成较强的复合群，从而减弱或抑制杂草的发生。如5～8月份，小白菜可间套作在搭架高秆型的豆类或瓜类地里，从而减轻杂草的危害。

（3）施用腐熟有机肥　马粪、牛粪、猪粪等农家有机肥里含有大量杂草种子，这些有机肥必须经过高温堆闷或冷冻处理，通过充分腐熟使杂草种子失去萌发力，然后再施到白菜田里，这是行之有效的杂草防除措施。

（4）精选种子　通过精选，剔除混杂在白菜种子中的草种。

（5）人工除草　结合白菜间苗、定苗、中耕进行人工除草。

四、甘蓝类蔬菜

甘蓝原产于欧洲地中海沿岸，有4 000多年栽培历史，是世界上栽培历史最长、面积最大的蔬菜之一。甘蓝主要包括结球甘蓝、花椰菜、球茎甘蓝、抱子甘蓝和青花菜，我国全国各地均有种植，其中结球甘蓝种植面积为最大。在南方各地，结球甘蓝一年可以种植2～3季。20世纪80年代以来，浙江、上海、江苏等地，花椰菜种植面积逐年增加，近年来，浙江省温州等地，花椰菜制种栽培已成为蔬菜生产中的重要产业，其种子销售到全国各地。在甘蓝种植过程中,也受到各种杂草危害,严重影响到产量和品质。甘蓝类蔬菜田防除草害,势在必行。下面重点介绍结球甘蓝和花椰菜制种田杂草的危害特点及防除技术。

(一)结球甘蓝菜田杂草防除

1. 秋结球甘蓝菜田杂草的防除

(1)杂草种类及危害 甘蓝在南方大部分地区,依收获期来讲,一年可以种植2季或3季。其中秋季收获的称为秋甘蓝或秋冬甘蓝;10月中下旬播种,幼苗越冬,翌年4~5月份收获的称为春甘蓝。甘蓝一般是采用育苗移栽的栽培方式。秋结球甘蓝在长江中下游地区6月下旬至7月中旬播种,8月中下旬移栽。此时,甘蓝地的杂草为夏季杂草,主要种类有禾本科的马唐、牛筋草、狗尾草,莎草科的香附子、碎米莎草、飘拂草,双子叶杂草有马齿苋、野苋菜、灰藜菜。这些杂草在6~9月份为发生盛期。

(2)防除措施

①苗床除草 对于甘蓝育苗期的苗床中的杂草,可采用精选种子(剔除杂草种子)和施用腐熟有机肥等农业防除措施。此外,也可使用除草剂,第一年在播前1~2天或播后发芽前每667平方米用72%都尔100毫升,或96%金都尔50毫升,或50%丁草胺100~125毫升,或48%氟乐灵100~150毫升,加水500毫升喷雾,杀灭芽期杂草。第二年在甘蓝出苗后、禾本科杂草3~5叶期,每667平方米用盖草能或禾草克或稳杀得50毫升,或用高效盖草灵50~75毫升,加水50升,阴雨天或土表湿润时喷雾,杀灭禾本科杂草。

②移栽期除草

第一,在移栽前每 667 平方米用 50%丁草胺 100～125 毫升,或 72%都尔 100 毫升,或金都尔 50～75 毫升,或 50%大惠利可湿性粉剂 130 克,或 33%施田补 75～100 毫升,加水 50 升喷雾,进行土壤处理,杀灭芽期杂草。

第二,地膜覆盖除草。喷施土壤处理除草剂以后,及时覆盖地膜,然后打洞移栽结球甘蓝苗。地膜覆盖要做到"紧、严、实",这样既有助于药效发挥,又能使漏网的小草灼烧而死。如地膜出现破裂,从地膜缝隙长出小草,要及时用土压在地膜破裂处,抑制小草生长。

第三,如没有采用地膜覆盖栽培的露地结球甘蓝,可套种小白菜、香菇等速生性蔬菜,以占有较多的地面,既可以减少杂草的发生和危害,又能增加甘蓝菜田的经济效益。

第四,露地种植结球甘蓝套种速生性蔬菜可结合间苗和定苗进行人工除草。

第五,露地种植结球甘蓝套种小白菜,可在禾本科杂草 3～5 叶期,每 667 平方米用 10%禾草克 40～50 毫升,或稳杀得 50～60 毫升,或 10.8%高效盖草能 50 毫升,或 5%高效盖草灵 50～75 毫升,加水 50 升,在阴雨天或土表湿润时喷施,杀灭马唐、旱稗等杂草。

2. 春结球甘蓝菜田杂草的防除

(1)杂草种类及危害　春甘蓝在长江中下游地区一般在 10 月中下旬播种,幼苗越冬,翌年 4～5 月份收获。此时,甘蓝地为冬春季杂草,主要是禾本科的看麦娘、早熟禾,舌竹科的繁缕、牛繁缕及雀舌草,茜草科的猪殃殃,蓼科的小灰藜、春蓼,十字花科的碎米芥等。其中看麦娘、繁缕、猪殃殃发生量大,危害较重;北方地区灰藜发生量大,危害较重。这些杂草一般于 10 月中下旬发芽,11 月下旬至翌年 2～3 月份是危害盛期。

(2)防除措施　春甘蓝也采用育苗移栽的栽培方式。其苗床和移栽期、生长期对杂草的防除措施与秋甘蓝基本相同。

(二)花椰菜制种田杂草防除

1. 杂草的发生与危害

花椰菜属于秋、冬季蔬菜,也是采用育苗移栽栽培方式。播种期在长江流域为 6 月中下旬至 7 月上旬,7 月上中旬移栽,9 月下旬至 10 月中下旬上市。田间杂草属于夏、秋季杂草。杂草种类及危害基本与秋、冬季结球甘蓝相同。

2. 综合防除措施

第一,花椰菜生长期杂草防除技术基本与秋冬结球甘蓝相同。

第二,花椰菜制种田杂草防除技术如下:花椰菜属于二年生蔬菜,通常以营养体越冬,并通过春化阶段,翌年抽薹、开花、结籽。长江下游的浙江省温州等地,花椰菜推迟到 10 月间播种,以开始形成花球的植株露地越冬。花椰菜制种田杂草属冬、春季杂草,其杂草种类及危害与春甘蓝基本相同。翌年 2～3 月份,在禾本科杂草如看麦娘、早熟禾生长危害期,可每 667 平方米用稳杀得或禾草克或高效盖草能选择性除草剂 40～50 毫升,或 5%高效盖草灵 50～75 毫升,加水 50 升喷施。此外,可定向喷雾,于晴天无风时每 667 平方米喷施 10%草甘膦 500 毫升,或 41%农达 50～75 毫升,或 58%杀草宝粉剂 50～100 克,加水 50 升喷施。这样基本能控制和杀灭花椰菜田间杂草。喷洒药液时,尽量不要溅到花椰菜茎、叶上,否则易产生药害。

五、芥菜类蔬菜

叶用芥菜要求冷凉湿润的气候条件,生长适温 15℃~20℃,不耐霜冻、炎热和干旱,属于秋冬季蔬菜。长江流域一般在 11 月上中旬种植,翌年 2~3 月份采收。芥菜先行育苗而后定植。浙江省温州等地采用晚稻套种芥菜的种植方式。芥菜田杂草属秋田冬季杂草,种类也很多,危害较重,必须采用农业防除和化学防除相结合的防除措施,以控制和减少杂草对芥菜的危害。

(一)杂草的发生与危害

11 月上中旬到翌年 2~3 月份,秋季种植的芥菜田杂草主要有禾本科的看麦娘、早熟禾,舌竹科的繁缕和牛繁缕及雀舌草,茜草科的猪殃殃,蓼科的春蓼,十字花科的碎米荠等杂草。其中看麦娘为优势种,占杂草总量的 20%~30%。看麦娘和繁缕等杂草一般于 10 月下旬至 11 月上旬萌发,11 月下旬至翌年 2~3 月份为生长盛期,对芥菜造成危害。

(二)综合防除措施

1. 化学防除

(1)苗床化学除草

①72%都尔 属广谱性芽期除草剂。播前 1~2 天或播后芽前施用。对看麦娘、繁缕等杂草防效达 95%以上,对芥菜发芽和生长无副作用。

②48%氟乐灵 属广谱性芽期除草剂。一般在干旱少雨天气和土表疏松的田块除草效果较好。播前 1~2 天,每 667

平方米用氟乐灵 100～125 毫升,加水 30～40 升喷于土表,覆土 3 厘米厚,然后播种,能有效防除看麦娘、繁缕、猪殃殃、灰藜等杂草,对芥菜安全。

③50%丁草胺　广谱性芽期除草剂。播前 1～2 天或播后芽前施用。每 667 平方米用丁草胺 100～125 毫升,加水 50 升喷雾。

④50%杀草丹　广谱性芽期除草剂。对马唐、看麦娘等禾本科杂草有特效。播前 1～2 天或播后发芽前施用,每 667 平方米用杀草丹 200 毫升,加水 50 升喷雾。

⑤96%金都尔　广谱性芽期除草剂。对马唐、看麦娘、莎草等禾本科杂草有效。播前 1～2 天或播后发芽前施用,每 667 平方米用金都尔 50～60 毫升,加水 50 升喷雾。

(2)移栽前化学除草　整地做垄前 5～7 天,可用灭生性除草剂杀灭田间残存杂草。每 667 平方米用 10%草甘膦水剂 500～750 毫升,或 41%农达 50 毫升,或 50%杀草宝粉剂 150 克,加水 50 升,晴天喷药。如遇雨水淋冲,宜补施 1 次。药后 5～7 天,杂草大部分枯死,然后翻地做垄、铺膜、移栽芥菜。

(3)移栽后化学除草

①50%乙草胺　移栽后 5～7 天,每 667 平方米用乙草胺 50 毫升,加水 50 升,阴雨天或田间湿度较大时喷药。对 1～3 叶期的看麦娘、繁缕、猪殃殃、灰藜等杂草防效达 85%～90%,对芥菜安全。

②50%丁草胺　移栽后 5～7 天,每 667 平方米用丁草胺 100～125 毫升,加水 50 升,阴雨天或土表湿润时喷施。其他同乙草胺。

③50%杀草丹　移栽后 5～7 天,每 667 平方米用杀草丹 200 毫升,加水 50 升,阴雨天或土表湿润时喷施。对防除看麦

娘、早熟禾等禾本科杂草有特效。其他同乙草胺。

④50%杀草丹、25%绿麦隆　芥菜移栽后5～7天,每667平方米用50%杀草丹100～125毫升和25%绿麦隆粉剂150克,加水50升,阴雨天或田间湿度大时喷施,基本能控制芥菜田杂草的危害。

⑤10.8%高效盖草能　选择性除草剂,对防除看麦娘、早熟禾等禾本科杂草有特效。施药时间的幅度较宽,芥菜移栽后10～20天,禾本科杂草3～5叶期,每667平方米用10.8%高效盖草能50毫升,加水50升喷雾,对看麦娘、早熟禾的防效达95%左右,对芥菜很安全。

⑥10%禾草克　选择性除草剂。对禾本科杂草防效好,使用时间幅度宽。芥菜移栽后15～20天,看麦娘3～5叶期,每667平方米用禾草克50毫升,加水50升喷雾,对看麦娘防效达90%以上。

⑦15%稳杀得　选择性除草剂。对禾本科杂草防效好,对芥菜等阔叶性蔬菜非常安全,施药时间幅度较宽,对杂草杀伤速度较缓慢。芥菜移栽后15天左右,禾本科杂草3～5叶期,每667平方米用稳杀得50毫升,加水50升,阴雨天或土表湿润时喷施。药后7～10天,对看麦娘、早熟禾等杂草防效达90%以上。

⑧20%拿捕净　该药对防除马唐、看麦娘、早熟禾、旱稗、狗尾草等禾本科杂草有特效,对繁缕等阔叶杂草无效。在芥菜移栽后15～20天,禾本科杂草3～5叶期,每667平方米用拿捕净乳油75～100毫升,加水50升喷雾。

⑨5%高效盖草灵　选择性除草剂。对禾本科杂草防效好。芥菜移栽后15天左右,禾本科杂草3～5叶期,每667平方米用5%高效盖草灵50～75毫升,加水50升,阴雨天或土

表湿润时喷施,药后 7～10 天,对看麦娘、早熟禾等杂草防效达 90％以上。

2. 其他显效措施

(1)水旱轮作 在长江流域,可实行水旱轮作的方式种植芥菜,即在晚(中)稻收获后改种芥菜,以减少繁缕、牛繁缕、猪殃殃等杂草的发芽群数及杂草对芥菜的危害。

(2)施用腐熟有机肥料 马粪、牛粪、猪粪等农家有机肥,必须经过充分的腐熟,使混杂在有机肥料中的杂草种子失去萌发力,然后再施到芥菜田里,减少杂草发生的种群量。

(3)精选芥菜种子 通过选种,剔除杂草种子,减少杂草发生的来源。

(4)清除老草 如中晚稻套种芥菜,应在稻田收获后,彻底清除田间残留老草,以减少其对芥菜的危害。

(5)地膜覆盖 在移栽芥菜苗前先铺地膜,然后把地膜打孔移栽芥菜苗,可以明显地控制和减少杂草的发生量。同时可大大减轻由蚜虫传毒的病毒危害。

(6)高留稻茬 在浙江省温州等地晚稻套种芥菜,收割晚稻时,有意识地将稻茬留高一些(10～20 厘米),占有较多土地面积,以控制杂草的发生量。

(7)人工除草 结合芥菜中耕、松土,进行人工除草。

六、绿叶菜类蔬菜

绿叶菜类蔬菜有菠菜、芹菜、莴苣、茼蒿、苋菜、蕹菜、芫荽等。

（一）杂草的发生与危害

此类蔬菜地的主要杂草有千金子、稗草、马唐、牛筋草、看麦娘、早熟禾、小藜、凹头苋、马齿苋、牛繁缕等。由于此类蔬菜以直播为主，且早期田间土壤湿度较大，有利于杂草集中出苗。据石鑫等（1992）报道，马唐、牛筋草和稗草在我国长江流域以南地区蔬菜田，出现的频度分别为 60%～84.7%，13.5%～74%和 20.5%～51.8%；二级以上危害占 3.1%～43.3%，0.5%～27.9%和 0.5%～18.7%。马齿苋、凹头苋在长江流域以南地区蔬菜田，出现的频度分别为 29.5%～73.8%，59.5%～66%；二级以上危害占 3%～16.4%，4.6%～23.8%。其造成绿叶菜类蔬菜产量的损失在 11%～53.6%之间不等。

（二）综合防除措施

1. 化学防除

千金子、稗草、马唐、牛筋草、看麦娘、早熟禾等禾本科杂草的化学防除：绿叶菜类蔬菜生长期，禾本科杂草 2～4 叶期，每 667 平方米用 5%快扑净乳油 25～40 毫升，或 15%稳杀得或 10%禾草克 50～60 毫升，或高效盖草能 20 毫升，加水 30升均匀喷雾；若禾本科杂草超过 4 叶期，用药量需适当加大。

若想兼除阔叶草，可按不同菜田，分别选用如下办法防除杂草：

（1）菠菜　菠菜是藜科一、二年生蔬菜。耐寒性较强，在长江流域一般秋季（9～10 月份）播种。多采用直播，以撒播为主，也可条播或穴播。其田间杂草主要有看麦娘、早熟禾、繁缕、雀舌草、猪殃殃等。可采用丁草胺、高效杀草丹等除草剂防除。菠菜播种前,每667平方米用90%高效杀草丹110~160毫升,或50%丁草胺100~125毫升,或72%都尔100毫升,加水60升均匀喷雾,药后要求及时混土。保持表土湿润,是获得满意防效的关键。此药剂可兼除小粒种子的一年生莎草。若再加用杀草敏,可扩大杀草谱。

(2)芹菜 芹菜属伞形花科的二年生蔬菜。在长江流域秋播可从7月上旬到10月上旬;7月上旬播种的主要在9月至10月上旬收获,9月至10月上旬播种的则于翌年3~4月份收获。芹菜可直播(以穴播为主),也可以育苗移栽,很多地方如杭州、温州、南京、广州等地多行育苗移栽,而武汉则以直播为主。芹菜幼苗生长缓慢,无论是进行育苗的苗床或幼苗移栽到大田,其草害均较重。苗床期的杂草多属夏季杂草,移栽或种植的大田芹菜地杂草则属秋冬季杂草,可使用以下除草剂防除:

第一,每667平方米用50%利谷隆可湿性粉剂100~150克,加水50升,于芹菜播后苗前喷雾;沙土地要减量到每667平方米90克。田间不可积水。

第二,每667平方米用50%扑草净可湿性粉剂100~150克,加水50升,于芹菜播前喷雾;沙土地要减量到每667平方米80克。要求精细整地,田间不可积水。

第三,每667平方米用48%地乐胺乳油200~250毫升,加水60升,于芹菜播后苗前喷雾。如在芹菜移栽缓苗后施用,则每667平方米用药250毫升。只有在土壤湿度大时才可杀死阔叶杂草。

第四,每667平方米用25%恶草灵乳油130~150毫升,加水50升,于芹菜播后苗前喷雾。盖膜育苗田要减量,不可与乙草胺混用于芹菜播后苗前菜田。亦可在芹菜移栽前先喷药,隔 1 天再栽菜。

第五,每 667 平方米用 24%果尔乳油 40～48 毫升,加水 50 升,于芹菜播后苗前喷雾。果尔的杀草谱较广,但盖膜育苗田不可用果尔。不可与乙草胺混用在芹菜播后苗前菜田。亦可在芹菜移栽前先喷药,隔 1 天再栽菜。

(3)莴苣 莴苣是菊科一年或二年生蔬菜。莴苣的主要栽培季节为春、秋两季。春莴苣一般在 10 月前后播种,于翌年 4 月份收获,此时主要是冬春季杂草。秋莴苣一般于 8 月份播种,于 11～12 月份收获。此时主要是秋冬季杂草发生期。莴苣多先育苗而后移栽,可使用下列除草剂防除杂草:

第一,直播莴苣播后苗前或整地后移栽前,每 667 平方米用 90%高效杀草丹 110～150 毫升,加水 60 升均匀喷雾,药后不可翻动土层。保持土表湿润,是获得满意防效的关键。地膜育苗莴苣,苗床用药 80 毫升即可。

第二,整地后移栽前,每 667 平方米用 24%果尔乳油 40～48 毫升,加水 60 升,均匀喷雾,药后不可翻动土层。保持土表湿润,是获得满意防效的关键。不可对莴苣喷药。地膜育苗莴苣,苗床用药每 667 平方米 30 毫升即可。

(4)茼蒿 茼蒿是菊科一年或二年生蔬菜。春、秋两季都可播种。长江流域秋播从 8 月下旬至 10 月上旬分期播种,而以 9 月下旬为播种适期,当年收获。茼蒿多用直播法种植。秋季种植茼蒿,田间多属秋冬季杂草,主要有看麦娘、早熟禾、繁缕、猪殃殃、雀舌草、碎米荠等。可使用下列除草剂防除:

第一,每 667 平方米用 33%除草通乳油 75～150 毫升,加水 50 升,于茼蒿播后苗前喷雾。播后尽早喷药,以免茼蒿出苗时用药产生药害。沙土用药要减量。

第二,每 667 平方米用 50%扑草净 80～140 克,加水 50

升,于茼蒿播后苗前喷雾。沙土用药要减量,田间不可积水,以免产生药害。

(5)苋菜 苋菜属苋科一年生蔬菜。我国南方普遍栽培,是夏季主要的绿叶菜之一。苋菜以直播方式为主,在长江中下游地区的播种期为3月下旬至8月上旬。苋菜田以夏季杂草危害为主。可使用下列除草剂防除:

第一,每667平方米用33%除草通乳油90～130毫升,加水60升,于苋菜播后苗前喷雾。播后尽早喷药,以免苋菜出苗时用药产生药害。沙土用药要减量。

第二,每667平方米用48%氟乐灵乳油120～150毫升,加水50升,于苋菜播种前喷雾,药后要混土,尽量缩短喷药至混土的时间。沙土用药要减量。

(6)蕹菜 又名竹叶菜、空心菜、藤菜。属旋花科的蔓生植物,一年生或多年生。主要食用其嫩叶和嫩茎,可以多次采收,是南方主要夏季绿叶菜之一。蕹菜可进行直播也可育苗移栽,在长江流域播种期为4月份,移栽生长期为6～8月份,此时多为夏季杂草。可使用以下除草剂防除:

第一,每667平方米用24%果尔乳油30～48毫升,加水60升,于蕹菜播后苗前喷雾。亦可在移栽前每667平方米用24%果尔乳油30～48毫升先喷药,隔1天再栽菜。不可对出苗的蕹菜喷药。

第二,每667平方米用33%除草通乳油100～160毫升,加水60升,于蕹菜播后苗前喷雾。播后尽早喷药,以免蕹菜出苗时用药产生药害。沙土用药要减量。

第三,在蕹菜生长期和禾本科杂草3～5叶期,每667平方米喷施15%稳杀得乳剂或10%禾草克乳剂75毫升,或高效盖草能20毫升,加水50升,可有效防除禾本科杂草,对蕹菜安全。

(7)芫荽 又名香菜或芫须。是伞形科一至二年生草本植物。其嫩茎、幼叶有特殊的香气。芫荽在长江中下游地区,可在2～11月份陆续播种。一般春播在2月下旬至4月上旬,秋播在8月下旬至9月中旬。芫荽多采用直播(撒播)的种植方式,可按播种时间分为春季、夏季和秋季杂草,撒播的芫荽田间杂草甚多,危害严重,必须认真防除。

第一,播前每667平方米用48%氟乐灵100～150毫升,加水30～40升喷雾,覆土2～3厘米厚,可消灭多种小籽粒芽期杂草。

第二,每667平方米用50%利谷隆可湿性粉剂200～250克,加水50升,于芫荽播后苗前喷雾。沙土用药要减量到每667平方米90克。田间不可积水。亦可在芫荽出苗后2～3叶期,用50%利谷隆可湿性粉剂250克,加水50升喷雾。

第三,每667平方米用48%地乐胺乳油200～250毫升,加水60升,于芫荽播后苗前喷雾。土壤湿度大时效果好,干旱时要混土。

第四。芫荽生长期可用禾草克或稳杀得或高效盖草能喷雾,杀灭3～4叶期禾本科杂草。

2. 其他显效措施

绿叶菜类蔬菜杂草除化学防除外,也可在播种前诱发灭杀,也可用碎作物秸秆覆盖于播种的土表既可保湿,又可控制部分杂草的危害。若未来得及用除草剂除草,田间出现杂草,应在早期拔除。

七、葱蒜类蔬菜

葱蒜类蔬菜有大蒜、洋葱、韭菜等。

(一)杂草的发生与危害

杂草不但与葱蒜类蔬菜争光、争水、争肥,而且还会加剧病虫的危害。大蒜因草害减产可达 20%～30%,严重的达60%以上,甚至绝收。葱蒜菜地草害特点:一是发生早,早期危害重。早秋杂草往往在大蒜尚未出苗时就发生,优先占领空间。葱、蒜的叶片窄,冬前不易形成荫蔽,处于劣势;而杂草生长比葱、蒜快且旺,根系庞大,竞争优势强。二是发生危害期长。葱、蒜田杂草从葱、蒜栽种到收获陆续发生。秋播葱、蒜田可分早春、晚春、早秋、晚秋等 4 个草害期。三是发生量大,多种草害,难防除。以江苏蒜区为例,每平方米蒜地有杂草180～850 株,重者达 1 000 株以上,平均 200 多株。葱、蒜田往往禾本科杂草、莎草和阔叶草并存,各种草又是分期出苗,很难用除草剂 1 次全歼。特别是旋花科、石竹科和菊科的一些杂草,对常用除草剂不敏感,防除适期短,难度更大。据山东省金乡县调查,秋播地膜蒜田常在覆膜后 7～15 天出现以马唐和牛筋草等禾本科杂草为主的第一个草峰,占蒜田总草数的50%～70%,尽管它们都不能越冬,但秋季生长旺盛,除同大蒜争夺肥水外,还会将地膜拱起,造成大风揭膜;覆膜后 12～20 天出现以播娘蒿和荠菜为主的第二个草峰,占蒜田总草数的25%～40%。因此,覆膜蒜田草害更重。

（二）综合防除措施

1. 化学防除

（1）蒜　田

①禾本科杂草的化学防除　大蒜播后苗前，每667平方米用48%氟乐灵200～250毫升，或33%除草通200～250毫升，或50%大惠利120～140克，或25%绿麦隆200毫升加48%氟乐灵80毫升，加水40～60升，均匀喷雾。以上药剂在土壤干旱时须加大用量，但不可超上限。禾本科杂草2～4叶期，用5%快扑净乳油25～40毫升，加水30升均匀喷雾。若禾本科杂草超过4叶期，用药量需适当加大。

②莎草的化学防除　大蒜播后苗前，每667平方米用50%莎扑隆450～800克，加水50升，均匀喷雾；或在播前喷药，混土后播蒜。由于此药剂成本较高，一般蒜农难以接受，只适合在多年生莎草特别严重的田块应用。

③阔叶草的化学防除　一是大蒜播后苗前，每667平方米用50%扑草净80～100克，加水30～50升，均匀喷雾，防除牛繁缕、猪殃殃、婆婆纳、大巢菜等阔叶草，要求墒情好。用量加大时也可防除禾本科杂草及莎草。但安全性差，特别是沙土蒜田易发生药害。二是小旋花草6～8叶期（避开大蒜1叶1心至2叶期），每667平方米用25%恶草灵120毫升，或24%果尔50毫升，或43%旱草灵100毫升，或37%抑草宁170毫升，加水50～60升，均匀喷雾即可。三是繁缕、卷耳等石竹科杂草子叶期，每667平方米用24%果尔66毫升，或43%旱草灵150毫升，加水40～50升，均匀喷雾；或大蒜播后苗前，每667平方米用50%异丙隆200～250克，加水50升，均匀喷雾；或大蒜立针期，每667平方米用37%抑草宁180

毫升,加水 50 升,均匀喷施。

④禾本科杂草+阔叶草的化学防除 在大蒜播后苗前,每 667 平方米用 50%异丙隆 150～200 克,加水 50 升,均匀喷雾,要求土表湿润。不可任意加大用药量。

⑤禾本科杂草+莎草+阔叶草的化学防除 在大蒜播后至立针期(以禾本科杂草为主),或大蒜 2 叶 1 心至 4 叶期(以防除阔叶草为主,且 4 叶期以下),每 667 平方米用 43%旱草灵 90～130 毫升,或 24%果尔乳油 48～72 毫升,或 37%抑草宁 110～180 毫升,或大蒜播后至立针期,每 667 平方米用 25%恶草灵 100～140 毫升,加水 40～60 升,均匀喷雾,要求土壤湿润。果尔和恶草灵用后蒜叶出现褐色或白色的斑点,但 5～7 天即可恢复,对大蒜无不良影响。

⑥注意事项

第一,覆草蒜田用药量同露地蒜,只需适当加大加水量,喷粗雾;地膜蒜田用药量减少为露地蒜的 2/3 即可,加水量同露地蒜。果尔、恶草灵、旱草灵喷施后不必混土,否则除草效果差。

第二,蒜田禁用的除草剂有:百草敌、使它隆、2 甲 4 氯、苯达松、2,4-滴及绿磺隆、甲磺隆、巨星或嘧黄隆等磺酰脲类除草剂。

第三,蒜田不提倡使用的除草剂有:拉索、乙草胺和西玛津。尽管这些药对蒜田杂草防效良好,但因其毒性大,有致癌、致畸的危险作用,故美国环保局已经取消西玛津的登记和正考虑取消乙草胺和拉索的登记。

第四,长期单用某种除草剂,蒜地杂草种类及群落组成都会变化,且易形成抗药性。为了防止大蒜地杂草向不利于防除的方向转化,应使用对某种草类交替使用可兼除几类杂草的除草剂。加强草害的综合防除,逐步减少对除草剂的依赖性。

(2)洋葱田 洋葱田主要杂草有马唐、千金子、稗草、看麦娘、碎米莎草、小藜、马齿苋、凹头苋、刺苋等。

①育苗洋葱 洋葱播后苗前,每 667 平方米用 50%扑草净 65～75 克,加水 40～60 升,均匀喷雾。盖膜洋葱用药量要低。土壤湿度不能太大。沙土地用低量,否则易造成对大蒜的隐形药害。

②直播洋葱 播后苗前,每 667 平方米用 50%扑草净 65～80 克,加水 40～60 升,均匀喷雾。土壤湿度不能太大。沙土地用药量要低。扑草净的用量不能太大,在低量时,药效期缩短,可在第一遍用药后 30 天左右,再用果尔防除中期杂草。扑草净可防除芽前一年生禾本科杂草及小粒种子的阔叶杂草。若防除苗后早期的禾本科杂草,可每 667 平方米用 5%快扑净 25～35 毫升,加水 30 升喷雾。防除苗后早、中期的阔叶草,可在洋葱 3～4 叶期,杂草 1～5 厘米高时,每 667 平方米用 24%果尔 60～72 毫升,加水 50～60 升,均匀喷雾,要求土壤墒情好。喷后可再喷 1 次清水,将喷到洋葱叶片上的果尔冲淋到洋葱基部,同时可保持土表湿润,利于药效的发挥。喷施果尔后,洋葱叶片上有斑点,5～7 天后可消失,不影响产量。洋葱低于 3 叶期用药要慎重,洋葱 2 叶以下禁用果尔。

③移栽洋葱 栽前整地后,或栽后洋葱 3～4 叶期,杂草 1～5 厘米高时,以每 667 平方米用 24%果尔 66～72 毫升,或用 43%旱草灵 80～100 毫升,加水 50～60 升,均匀喷雾,要求土壤墒情好。喷药后可再喷 1 次清水,将喷到洋葱叶片上的果尔冲淋到洋葱基部,同时可保持土表湿润,利于药效的发挥。喷施果尔后,洋葱叶片上有斑点,5～7 天后可消失,不影响产量。洋葱低于 3 叶期慎用果尔,2 叶以下禁用果尔。

（3）韭菜田　韭菜田主要杂草有马唐、早熟禾、稗草、看麦娘、碎米莎草、小藜、马齿苋、凹头苋、牛繁缕、印度蓼草、泥湖菜、通泉草、刺苋等。

①禾本科杂草的防除　可在禾本科杂草 2～3 叶期,每667 平方米用 5%快扑净乳油 25～40 毫升,加水 30 升,均匀喷雾。若禾本科杂草超过 4 叶期,用药量需适当加大。亦可每667 平方米用 48%氟乐灵 100～120 毫升,加水 50～60 升,在每次老韭菜收割伤口愈合后,在韭菜行间定向喷雾,尽量减少药剂与韭菜接触。新植韭菜不可用药。

②阔叶草的防除　每 667 平方米用 50%扑草净 90～150克,加水 40～60 升,播后苗前或老韭菜收割缓苗后,均匀喷雾。土壤湿度不能太大。沙土用低量药。

③禾本科杂草＋阔叶草的防除　每 667 平方米用 33%除草通 90～120 毫升,加水 40～60 升,播后苗前喷雾。土壤湿度不能太大。沙土用低量药。对出苗的杂草无效。

④禾本科杂草＋莎草＋阔叶草的防除　每 667 平方米用24%果尔 48～60 毫升,加水 40～60 升,老韭菜贴地收割后,出苗前,均匀喷雾。若有超高 4 叶的大草,先人工拔除。要求保持土表湿润。按此方法用药后,韭菜出土时,叶尖有褐色斑点,5～7 天可消失。沙土用药要减量。对多年生杂草无效。

2. 其他显效措施

农业防除法防除葱蒜田杂草不仅有利于保持生态平衡,而且能防止抗性杂草的产生。目前常用的农业防除法有:

（1）深翻整地　将表土层杂草种子翻入 20 厘米以下土层,抑制出草。同时拣除深层翻上来的草根(如小旋花等)。

（2）适期播种,合理密植　在腾茬后,于杂草自然萌发期(通常在 8～10 月份)内因地制宜,适期播种,消灭部分已萌发的杂草幼苗。同时依栽培方式和收获目标的不同,进行相应的合理密植,创造一个有利于大蒜生长发育而不利于杂草生存的空间环境。

(3)轮作换茬　一般有条件的地区可实行 2～3 年一周期的水旱轮作,既可杀灭老优势种杂草,又可防止新优势种杂草的形成。水源缺乏的半干旱地区,可实行旱旱轮作换茬。

(4)覆草(或地膜)　秋播葱蒜类蔬菜时覆盖 3～10 厘米厚的麦秸、稻草、玉米秸、高粱秸等,不仅能调节田间温、湿度和改土肥田,而且能有效地抑制出草。地膜葱蒜田草害严重,应大力推广除草药膜和有色(尤其是黑色)地膜。草害高峰期中耕后,一方面要及时清除已翻出的杂草,另一方面要随即喷施有关的除草剂,抑制即将萌发的杂草。

(5)辅以人工拔草　在杂草零星发生的田块或杂草的生长已超过防除适期时,辅以人工拔草是必要的。人工拔草的时间应掌握在杂草与葱蒜类蔬菜竞争临界期之前,否则,人工拔草对增加蔬菜产量没有任何意义。

八、瓜类蔬菜

瓜类蔬菜均属葫芦科作物。目前主要品种有黄瓜、西瓜、甜瓜、冬瓜、菜瓜、角瓜(西葫芦)、南瓜、丝瓜、节瓜、苦瓜、蛇瓜和葫芦等,其中以黄瓜、西瓜、甜瓜的种植面积最大。

(一)杂草的发生与危害

瓜类蔬菜除个别采用直播方式外,大都采取育苗移栽的方法,即通过温室(大棚)育苗,待气温回升后移栽到大田,移栽时田间杂草已经发生或即将发生；伴随瓜类作物的生长，杂草进入盛发期，是一年中杂草发生种类最多、发生数量最大的时期。据对 14 块冬瓜田调查（夏季），发现有小藜、凹头苋、稗草、千金子、马唐、马齿苋、铁苋菜、空心莲子草等 21 种旱地杂草，其中以凹头苋、马唐、马齿苋、千金子、稗草、小藜为主，出现频率分别为 96.23%，92.45%，82.39%，79.87%，71.70%，68.55%。以上 14 块冬瓜田中，一至五级危害比例分别为 14.3%，28.6%，14.3%，7.1% 及 35.7%，其中三级以上危害占 57.1%。据测定，冬瓜田三级危害减产 33.33%，四级危害减产 46.67%，五级危害减产 53.33%。可见杂草对瓜类的危害是十分严重的。

由于西瓜和甜瓜是宽行稀播，封行迟，加上水肥条件充足，因此草害往往十分严重。发生普遍的主要杂草有马唐、牛筋草、稗草、看麦娘、千金子、狗尾草、旱熟禾、画眉草、双穗雀稗、藜、蓼、苋、龙葵、苍耳、鳢肠、铁苋菜、野西瓜苗、马齿苋、繁缕、刺儿菜、小旋花、苦荬菜、香附子等。

南方地区全年气温较高，降水充足，利于杂草的发生。瓜田杂草可达每平方米百株左右，如防除不及时，容易引起草荒。瓜田前期杂草不仅影响瓜的生长发育，而且影响瓜秧的正常开花坐果。瓜田中后期草荒往往影响果实的膨大成熟，可使西瓜、甜瓜减产 30%～50%，而且影响瓜的采收，妨碍下茬农作物的播种。新疆部分地区的分枝列当严重发生时，个别地块因大部分瓜根被草寄生而绝收。防除瓜田杂草，现已成为提高西瓜、甜瓜产量和品质的重要因素。

瓜田杂草的发生规律基本与夏季旱田农作物玉米、棉花相似。随着西瓜、甜瓜的出苗，第一批杂草相继出土，这一期间杂草出土数量约占瓜田全生育期杂草总数的 60%。到瓜蔓长到50～100厘米长时，由于中耕管理时翻动土层，使土壤中、下层的杂草种子萌动发芽，随着降水和灌溉，后续杂草相继出苗，至瓜蔓占满地面后，人工除草更难以进行。

（二）综合防除措施

1. 化学防除

瓜类对除草剂比较敏感。以往除草剂用得较少，近年来的试验结果表明，只要掌握施药适期，有些除草剂对瓜类是安全的，除草效果亦比较显著。

（1）黄瓜田

①直播大田　黄瓜等瓜类作物播种后出苗前（一般在播后当天或播后2～3天），用下列除草剂防除：

第一，每667平方米用20%敌草胺（大惠利）乳油200毫升，加水40～50升，均匀喷雾于土表。

第二，每667平方米用48%地乐胺乳油200毫升，加水40～50升，均匀喷雾于土表。

第三，每667平方米用33%除草通（施田补）乳油80～120毫升，加水40～50升，均匀喷雾于土表。

以上3种除草剂主要防除一年生禾本科杂草，亦能防除部分一年生阔叶杂草。除草通对黄瓜有轻微的药害，但受害黄瓜很快能恢复。

②移栽大田　移栽大田所用的土壤处理剂要求在瓜类移栽活棵后，苗高15厘米左右，定向喷雾于土表。

第一，每667平方米用48%氟乐灵乳油100毫升，加水40～50升，喷于土表，随后要立即混入浅土层中。

第二，每667平方米用33%除草通乳油100～150毫升，加水40～50升，喷于土表。

第三，每 667 平方米用 20%敌草胺乳油 200 毫升，加水 40～50 升，高温季节在傍晚浇水后施于地表。

第四，每 667 平方米用 48%地乐胺乳油 250 毫升，加水 40～50 升，喷于土表，施后最好混土。

据试验，除草通、氟乐灵防除牛筋草、马唐为代表的禾本科杂草效果在 72%～100%，防除小藜、凹头苋的效果在 42.9%～92.6%。此外，单纯防除禾本科杂草可选用 12.5%盖草能乳油，每 667 平方米 30～50 毫升，或选用稳杀得、禾草克、禾草灵等茎叶处理剂，在禾本科杂草 4～6 叶期喷于茎叶，对瓜类蔬菜绝对安全。

(2)西瓜、甜瓜田　根据杂草的发生规律，西瓜、甜瓜田化学除草有 3 个施药适期：一是在播种前或移栽前施药混土处理。可用的除草剂品种主要有氟乐灵、除草通、地乐胺、大惠利、敌草胺和杀草净等。二是播后苗前施药作土壤处理。常用的除草剂有都尔、扑草净、豆科威、除草醚、杀草丹、地乐胺、丁草胺、氟硝草、杀草净和草克死等。三是在瓜苗放蔓后浇灌第二次水前、禾本科杂草 2～5 叶期施药。适用的除草剂品种有收乐通、高效盖草能、精稳杀得、精禾草克、拿捕净、禾草灵、草甘膦等。

①48%氟乐灵　该药可有效防除马唐、牛筋草、稗、狗尾草、千金子等多种一年生禾本科杂草，对藜、蓼、苋等小粒种子的阔叶杂草有一定防除效果，对莎草和多种阔叶杂草无效。瓜苗移栽前，每 667 平方米用 48%氟乐灵 100～200 毫升，加水 30～50 升，均匀喷雾。施药后应在 2 小时内纵横耙地混土 5～7 厘米深，3 天后移栽瓜苗。土壤有机质含量低或砂壤土用药剂量要低，土壤有机质含量高或粘壤土用药剂量可高些，直播田使用氟乐灵，容易对瓜苗造成药害，应避免使用。

②72％都尔　该药对防除一年生禾本科杂草有特效,对部分小粒种子的阔叶杂草如藜、马齿苋等有一定防除效果,为瓜田常用的高效安全除草剂。常用的方法是:每667平方米用72％都尔乳油100～150毫升,加水30升,喷雾土壤,并作封闭处理。施药后覆膜移栽苗。由于地膜的密闭作用,膜内高温高湿条件,十分有利于除草药效的发挥,可达到很好的除草效果。露地施药,可在播后芽前,每667平方米用72％都尔乳油150～200毫升,加水50升,均匀喷雾地表。

③20％敌草胺　该药对防除一年生禾本科杂草有特效,对部分阔叶杂草有较好的效果,对铁苋菜和香附子效果差。在瓜苗移栽前或移栽后,每667平方米用20％敌草胺200～300毫升,加水50升,均匀喷雾。敌草胺的田间持效期适中,高效、经济、安全。一次施药可保证西瓜整个生育期不受杂草危害。

④50％大惠利　该药对稗、马唐、牛筋草、野燕麦、看麦娘、狗尾草、马齿苋、反枝苋、刺苋、藜、繁缕、龙葵等一年生单、双子叶杂草均有很好的防除效果。播种前,每667平方米用50％大惠利可湿性粉剂200～300克,加水30升,均匀喷于土表,并立即浅耙地面,将药剂混入5～7厘米土层中,然后播种。

⑤48％地乐胺　该药对防除一年生禾本科杂草效果好,对小粒种子的阔叶杂草和莎草有一定防除效果,对苍耳、铁苋菜等阔叶杂草防除效果差。播种前或移栽前,每667平方米用48％地乐胺乳油150～250毫升,加水30升,均匀喷雾,浅混土后播种或移栽。也可在播后苗前施药,但注意施药后浅混土时,勿将瓜种耙出地面。增加土壤湿度,有利于提高除草效果。

⑥25％除草醚　该药用于防除一年生禾本科杂草和一些阔叶杂草,对小粒种子的杂草如稗、狗尾草、藜等特别有效。瓜

苗移栽前,每 667 平方米用 25%除草醚可湿性粉剂 0.5~0.7 千克,加水 50 升,喷雾土表。土地要整平整细,并保持较好的墒情,以利于杂草萌发时更多地接触药剂而发挥杀草作用。气温高、墒情好,可适当降低用药量。在土表干旱、整地质量差和盐碱较重的田块不宜施药。苗床使用除草醚易产生药害,因而不宜使用。

⑦20%豆科威 该药对多种一年生禾本科杂草和阔叶杂草有较好的防除效果。在西瓜、甜瓜播后苗前或移栽前,每 667 平方米用 20%豆科威水剂 0.61 升,加水均匀喷雾。增加土壤湿度是提高药效的关键。干旱时施药后浅混土 2~3 厘米深,有利于药效的发挥。

⑧10.8%高效盖草能 该药可有效防除一年生禾本科杂草。该药被杂草吸收传导快,施药适期长,对瓜类很安全,在杂草出苗到生长盛期均可施药,以禾本科杂草 3~5 叶期施药效果最好。每 667 平方米用 10.8%高效盖草能 25~30 毫升,加水 30 升,均匀喷雾。

⑨12%收乐通 该药为高效广谱选择性茎叶处理剂,对一年生和多年生禾本科杂草,如狗尾草、马唐、稗草、牛筋草、野燕麦、千金子、看麦娘、画眉草、早熟禾、狗牙根、白茅、芦苇、双穗雀稗等,有很好的防除效果。药剂被杂草茎叶吸收传导快,作用迅速。在西瓜、甜瓜出苗后或移栽后,禾本科杂草 2~5 叶期,每 667 平方米用 12%收乐通乳油 30~40 毫升,加水 20~30 升,在晴天的上午均匀喷雾。

⑩40%氟硝草 该药可有效防除马唐、稗、狗尾草、牛筋草、藜、灰绿藜、地肤等多种一年生杂草。在西瓜播后苗前,每 667 平方米用 40%氟硝草乳油 150~250 毫升,加水 50 升,喷雾地表。土壤墒情好,有利于药效的充分发挥。为了防止地表

干旱影响除草效果,施药后可浅混土 2～3 厘米深。

⑪10%草甘膦 该药为内吸传导型灭生性除草剂。对较难防治的多年生恶性杂草,如狗牙根、双穗雀稗、白茅、芦苇和田旋花等,以及寄生性杂草瓜列当,有独特防除效果。在禾本科杂草 2～4 叶期和瓜列当开花前,每 667 平方米用 10%草甘膦水剂 0.8～1.2 升,或用 41%农达水剂 200～400 毫升,加水 20～30 升,把瓜秧笼罩起来或用带保护罩的喷雾器,对杂草定向喷雾。应在无风时施药,以避免药液滴飘落到瓜的茎叶上产生药害。也可用 41%农达水剂配成 1:10 的药液,用涂抹器将药液涂抹到杂草茎叶上。防除瓜列当时,可先用刀割去列当头部,再涂药液,更有利于达到根除的效果。

收乐通、高效盖草能、精稳杀得、精禾草克、威霸和拿捕净等,在杂草茎叶期施药,可有效防除杂草;在气温较高、降水较多地区,于杂草幼嫩时施药,可适当增加用药量;防除多年生禾本科杂草时,则需要适当增加用药量;在干旱地区可灌水后施药,以提高除草效果。

2. 其他显效措施

瓜类蔬菜田杂草的防除,除了精选不夹带杂草的种子或挑选壮苗移栽以及施用腐熟的有机肥料、合理密植外,移栽前的田间管理尤为重要,即瓜类移栽前的大田一定要耕翻或锄田或施用草甘膦等灭生性除草剂,务必将杂草消灭在移栽之前,这样在日后瓜、草的竞争中,瓜类可以处于优势地位。

九、豆类蔬菜

豆类蔬菜有毛豆(大豆)、芸豆、豇豆、扁豆、豌豆、蚕豆等作物,几乎都是直播栽培。

（一）杂草的发生与危害

豆类蔬菜因为大都是直播栽培，生长期一般较长，与杂草共生期亦长，加之豆类蔬菜生长阶段正是杂草盛发期，杂草种类多，发生量大，危害严重。据石鑫1996年8月初在上海郊区对15块豇豆田的调查，杂草对作物的一级危害达40％，二级危害达20％，三级危害达40％。其中主要杂草有凹头苋、马唐、马齿苋、千金子、稗草、小藜等。据损失率测定，杂草对豇豆这样的高秆作物的危害仍然十分严重。各级危害程度及不同类杂草与一级危害（有杂草发生但不造成危害）比较，单纯禾本科杂草二级危害较一级减产25.7％，三级危害减产32.7％，四级危害减产41.5％，五级危害减产47.5％；单纯阔叶杂草二级危害较一级减产18.5％，三级危害减产45.6％，四级危害减产54.4％，五级危害减产60％；在禾本科杂草及阔叶杂草混生的情况下，二级危害较一级减产20.5％，三级危害较一级减产32.3％，四级危害减产39.4％，五级危害减产48.8％。

毛豆即种子尚未成熟前的摘青大豆，是南方地区人们喜爱的蔬菜；其生育期虽较大豆为短，但最少亦在2个月左右，正是杂草对毛豆危害较严重的时期。据李孙元等研究，在稗草达每平方米65株时，苗后稗草生长21，42，63，84天时，毛豆分别减产0.57％，20.63％，32.69％，39.86％。该研究同时表明，在每平方米稗草6.7，33，72，147株的情况下，生长50天时，大豆分别减产4.15％，20.43％，26.77％和38.30％。以上结果充分说明，随着稗草密度的增加，与毛豆共生期时间的增长，对毛豆的产量影响就加重。

（二）综合防除措施

1. 化学防除

豆类蔬菜大都是采取其大粒种子直播栽培，并且播种亦有一定深度，从播种到出苗一般需较长的时间，选用的除草剂不但可利用其形态选择，并且能利用时差选择及位差选择，所以可选用的除草剂品种较多，对豆类作物亦比较安全。在化学防除中，一是在作物播前施药，进行土壤处理。二是当禾本科杂草长到 2～5 叶期，对杂草茎叶进行喷药处理。可以用稳杀得、盖草能、禾草克、拿捕净、禾草灵、威霸等防除，能有效地防除稗、野燕麦、马唐、狗尾草、看麦娘、千金子、雀稗、牛筋草等一年生禾本科杂草；在高剂量情况下亦能防除狗牙根、芦苇等多年生禾本科杂草。因为以上除草剂仅对禾本科杂草有效，所以对豆类等阔叶蔬菜绝对安全。使用茎叶处理剂时，要求喷雾机的雾点要细，以增加药液与杂草叶面接触的时间，提高防效。另茎叶处理剂要求在用药后 4 小时之内不下雨，以免冲刷药液，影响防除效果；如用药后 4 小时内遭受大雨，需要补喷。

（1）48％氟乐灵乳油　播种前每 667 平方米用 48％氟乐灵乳油 100～150 毫升，加水 40～50 升，喷于土壤表面。喷药后及时混土，用于地膜覆盖的，用药后立即盖膜，以防止氟乐灵挥发及光解。氟乐灵主要防除马唐、稗草、千金子等一年生禾本科杂草，对小藜、牛繁缕、马齿苋等部分一年生阔叶杂草亦有一定的防除效果。由于氟乐灵主要防除禾本科杂草，所以在阔叶杂草较多的田块不宜使用。

（2）33％除草通乳油　直播豆类播种前或播后苗前，移栽豆类移栽前，每 667 平方米用 33％除草通 150～200 毫升，加水 40～50 升，均匀喷雾于土表。除草通除可防除马唐、看麦娘、稗、狗尾草等一年生禾本科杂草外,还可防除凹头苋、小藜、猪殃殃、马齿苋、荠菜、蓼、牛繁缕、繁缕等一年生阔叶杂草,杀草谱较氟乐灵广,并不需混土,使用比较方便。

(3)48%地乐胺乳油 豆类播前或播后苗前每667平方米用48%地乐胺200～250毫升,加水40～50升,均匀喷雾于土表,在干旱的情况下,喷雾后最好能混土,防止药剂挥发和土壤跑墒。地乐胺主要防除稗草、马唐、狗尾草等一年生禾本科杂草,亦可防除苋、藜、马齿苋等一年生阔叶杂草。地乐胺还可用于茎、叶处理,对防除大豆菟丝子有良好效果。

(4)25%绿麦隆可湿性粉剂 豆类播前或播后苗前,每667平方米用25%绿麦隆300～400克,加水40～50升,充分搅拌后均匀喷雾于土表。绿麦隆防除看麦娘、马唐、早熟禾、狗尾草、繁缕、牛繁缕、苍耳、藜等杂草效果较好,也可防除稗草、野燕麦、苋、铁苋菜、马齿苋等杂草,对问荆、猪殃殃、刺儿菜、田旋花、蓼等杂草防除效果不好。与此同属脲类的利谷隆、异丙隆等亦可应用。

(5)50%乙草胺乳油 豆类播种前或播后苗前,每667平方米用50%乙草胺80～120毫升,加水40～50升,均匀喷雾于土表。乙草胺可防除稗、马唐、狗尾草、牛筋草、苋、小藜、马齿苋、牛繁缕等一年生禾本科杂草及部分阔叶杂草。该药主要防除禾本科杂草。由于杂草对乙草胺的主要吸收部位是芽鞘,因此必须在杂草出土前施药,最迟不能超过禾本科杂草1叶1心期。乙草胺的药效与土壤湿度、温度有较大关系,在气温较高、土壤湿度大的情况下,用推荐的低剂量施药,反之用高剂量。

(6)48%拉索乳油 每667平方米用药200～250毫升,加水40～50升,于毛豆播前或播后苗前均匀喷雾于土表。在干旱的情况下浅混土。

(7)72%都尔乳油　每667平方米用药200～250毫升，加水40～50升，于毛豆播前或播后苗前均匀喷雾于土表，在干旱条件下浅混土。

(8)20%大惠利乳油　每667平方米用250～500毫升，加水40～50升，于毛豆播前或播后苗前均匀喷雾于土表。施药后如连续干旱，应及时浇水灌溉，以保持土壤湿润，提高防效。

(9)24%果尔乳油　直播豆类播种前或播后苗前，每667平方米用40～100毫升，加水40～50升，均匀喷雾于土壤表面。果尔是一种触杀型选择性除草剂，必须在有光的条件下才能发挥杀草作用。它不但能防除一年生禾本科杂草，并且能防除阔叶杂草，杀草谱达270种；不仅能杀死萌芽时的杂草，并且对幼苗期的杂草亦有较好的防除效果，且残效期较长，是豆类蔬菜中首选的除草剂品种之一。但喷雾时要注意几点：一是喷雾时要压低喷头，避免药液飘移到邻近作物而造成药害；二是果尔在有光条件下才能发挥药效，故用药后不能混土；三是果尔与土壤湿度关系较大，在湿度大的情况下，应使用推荐的低剂量，反之用高剂量。

(10)40%津乙伴侣可湿性保护剂　津乙伴侣是乙草胺与阿特拉津的混配剂。它主要是利用乙草胺主要防除一年生禾本科杂草、阿特拉津主要防除一年生阔叶杂草的各自特点，按科学的配比混合起来，从而扩大了杀草谱。该药比单用阿特拉津安全，对后茬无不良影响。使用方法是：豆类蔬菜播后苗前，杂草出土前，每667平方米用200～250克，加水40～50升，均匀喷雾于土表，喷药时土壤要湿润。该药能防除豆类蔬菜田大部分一年生禾本科杂草及阔叶杂草，且对某些多年生杂草有一定的抑制作用。

(11)20%拿捕净乳油　当豆类蔬菜田禾本科杂草2～5叶期时,每667平方米用67～100毫升拿捕净,加水40～50升,均匀喷雾于杂草茎叶.对多年生禾本科杂草或更高龄的杂草,可将上述剂量再增加30～50毫升,以保证防除效果。

(12)15%精稳杀得乳油或35%稳杀得乳油　使用15%精稳杀得乳油或35%稳杀得乳油除草时,在一年生禾本科杂草2～3叶期,每667平方米用药33～50毫升,4～6叶期,用药66～80毫升,加水40～50升,均匀喷雾于杂草茎叶。在干旱条件下,用精稳杀得比稳杀得效果稳定。防除20～60厘米高的芦苇,每667平方米用药83～130毫升;防除狗牙根、双穗雀稗等多年生杂草,每667平方米用药135毫升。

(13)10%禾草克乳油或5%精禾草克乳油　在一年生禾本科杂草3～5叶期,每667平方米用10%禾草克50～80毫升,或5%精禾草克30～60毫升。防除多年生禾本科杂草,每667平方米用10%禾草克或5%精禾草克100～130毫升。

(14)12.5%盖草能乳油或10.8%高效盖草能乳油　在一年生禾本科杂草3～5叶期,每667平方米用12.5%盖草能或10.8%高效盖草能20～35毫升。防除芦苇、狗牙根等多年生禾本科杂草,每667平方米用100～130毫升。

(15)7.5%威霸(恶唑禾草灵)浓乳剂　当一年生禾本科杂草2～4叶期,每667平方米用7.5%威霸浓乳剂30～50毫升。杂草小、水分足,用低量;反之用高量。施药要选择早晚气温低、风力小时进行。

(16)36%禾草灵乳油　当一年生禾本科杂草2～4叶期,每667平方米用36%禾草灵170～200毫升。禾草灵与以上各内吸传导型茎叶处理剂不同,是一种触杀型茎叶处理剂,所以喷雾时雾点一定要细,并尽可能喷到杂草全株,以保证防除效果。毛豆、芸豆蔬菜田除可用以上茎叶处理剂防除禾本科杂草外,还可用苯达松或虎威防除一年生阔叶杂草及部分多年生阔叶杂草。

(17)48%苯达松(排草丹)液剂 此药可防除苍耳、反枝苋、凹头苋、刺苋、刺儿菜、大蓟、狼把草、鬼针草、酸模叶蓼、柳叶刺蓼、马齿苋、野西瓜苗、猪殃殃、辫子草、野萝卜、猪毛菜、刺黄花稔、苣荬菜、繁缕、曼陀罗、藜、龙葵、1~2叶期的鸭跖草、豚草、荠、遏蓝菜、野芥、苘麻和小飞蓬、一年蓬、田旋花、打碗花等阔叶杂草。

苯达松对毛豆安全。最适宜的施药时间是在大豆1~3片复叶、杂草2~5叶期。通常每667平方米用48%苯达松100~200毫升,加水40~50升,均匀喷雾于杂草茎叶。土壤水分适宜、杂草幼小和生长旺盛,用低剂量药;干旱和杂草大时,用高剂量药。水涝或过于干旱时不宜用药,以免产生药害或无效。苯达松不能用低容量喷雾法(背负式机动喷雾机,如泰山-18型、东方红-18型)喷雾。施药后8小时内不能遇雨。

(18)24%虎威水剂 此药可防除苘麻、狼把草、鬼针草、铁苋菜、反枝苋、凹头苋、刺苋、豚草、田旋花、荠、青葙、藜、小藜、刺儿菜、大蓟、柳叶刺蓼、酸模叶蓼、卷茎蓼、萹蓄、鸭跖草、曼陀罗、辣子草、裂叶牵牛、圆叶牵牛、马齿苋、刺黄花稔、野芥、猪殃殃、苍耳、香薷、龙葵、鳢肠、一年蓬、小飞蓬等阔叶杂草。

一年生阔叶杂草2~4叶期,即大多数杂草出齐时,每667平方米用25%虎威水剂67~100毫升,加水40~50升,均匀喷雾于杂草茎叶。在每667平方米所用的虎威药液中加入尿素330克,可提高除草效果5%~10%。在推荐用量范围内,对芸豆、毛豆安全,对后茬无影响;但对耙茬直播的白菜、青菜等叶菜类蔬菜有一定影响,深翻后可减轻药害。

为了扩大杀草谱,既能防除禾本科杂草,又能防除阔叶杂草,对毛豆、芸豆田可加用苯达松加盖草能,即每 667 平方米用 48%苯达松 100～200 毫升加 10.8%高效盖草能 25～35 毫升,或虎威加高效盖草能,即每 667 平方米用 24%虎威 67～100 毫升加 10.8%高效盖草能 25～35 毫升。混配要在田间随混随用,不可配后放置过夜。

在豆类蔬菜田尽管有许多土壤处理剂及茎叶处理剂可以选用,但根据杂草综合防除原则,以选用土壤处理剂比较适合,其优点是防除杂草于萌芽期和造成危害之前,可减少杂草对豆类作物的竞争,危害可降到最低限度。此外,如苗前土壤处理防除效果不好,可于苗后用茎叶处理剂补救。

2. 其他显效措施

在诸多农业防除措施中,合理密植对于控制豆类蔬菜田杂草危害的效果最为显著。合理密植能增加作物群体数量,加速作物的封行进程,利用作物自身的群体优势抑制杂草的生长。在毛豆等直播田块,宜采用宽行密植的栽培方法,既保证豆类的密度,又留出较大的行距,适宜中耕或应用除草剂。此外,对豇豆、刀豆等攀缘作物还可根据当地实际情况播种些短期矮秆作物,如青菜等绿叶类蔬菜,它既可增加收入,又可占领土壤空间,减少杂草的危害。

在西南地区有较大面积的蚕豆田,在江、浙、沪有较大面积的毛豆田,这些季节性蔬菜田(非固定蔬菜田)完全可以采用水、旱轮作的方法。如第一年蚕豆—稻,第二年改为麦—稻,第三、四年再改为蚕豆—稻。由于旱地杂草在稻田的水层中必然死亡,而水生型、湿生型以及藻类型杂草在豆田中则不能生长,所以,水旱轮作,蚕豆、稻田杂草危害可大大减轻。

十、薯芋类蔬菜

薯芋类蔬菜有马铃薯、甘薯、芋、山药等。

(一)杂草的发生与危害

1. 杂草种类

我国幅员辽阔,自然条件复杂,杂草种类繁多。以长江下游为例,薯芋类蔬菜田常见杂草有 16 科 39 种,主要有猪殃殃、婆婆纳、繁缕、簇生卷耳、荠菜、苍耳、马唐、稗草、狗尾草、铁苋菜、鳢肠、牛筋草、反枝苋、藜、小蓟、蓼、龙葵、田旋花、苦荬菜、苘麻、马齿苋、看麦娘、棒头草、异型莎草、狗牙根、早熟禾、附地菜、苜蓿、大巢菜、泽漆、蒲公英、苣荬菜、地锦、通泉草、小藜、野胡萝卜、硬草、千金子、香附子等。其中数量多、危害大的是猪殃殃、婆婆纳、铁苋菜、鳢肠、反枝苋、看麦娘、硬草、马唐、狗尾草、稗草等。根据薯芋类蔬菜播种时间的不同,分为春播、夏播。春播田发生的杂草与夏播田略有不同。春播田以多年生杂草、越年生杂草和早春性杂草为主,如田旋花、苦荬菜、荠菜、附地菜、蓼、猪殃殃、婆婆纳、繁缕、早熟禾等。夏播田以一年生杂草和晚春性杂草为主,如鳢肠、铁苋菜、反枝苋、马齿苋、通泉草、稗草、马唐、狗尾草、牛筋草、千金子、异型莎草等。

2. 发生规律

我国的薯芋类蔬菜不同产区,种植制度不同,播种期不一致,田间杂草发生规律亦不同。以长江下游为例。

(1)马铃薯田　以春马铃薯为主。

地膜马铃薯:12 月中旬播种,播后 10 天左右杂草开始出土,翌年 1 月上旬(播后 20 天左右)形成出草高峰,出草量占总杂草量的 40%左右。1 月中下旬又有部分杂草出土,直到 3 月下旬还有少量杂草发生。

露地马铃薯:3 月上旬播种,只要田间墒情足,播后 5 天杂草开始出土,出草高峰一般在 3 月中下旬,出草量占杂草总量的 60%左右。这批杂草与马铃薯竞争激烈,是形成草害的主体。

(2)甘薯田　以夏甘薯为主。

夏甘薯:5～6 月份栽植,栽后 5 天进入出草盛期,10～15 天进入出草高峰。甘薯秧封垄后杂草很少出土。甘薯整个生育期内萌发杂草出土期可持续 40 天左右。

(3)芋田　4 月上旬(清明前后)播种,播后杂草陆续萌发出土。有两个明显的出草高峰:第一高峰出现在播后 10～20 天。第二次出草高峰主要受中耕和降水的影响,一般发生在 6 月下旬至 7 月初。即随梅雨来临,加上中耕松土打乱了土层,下层杂草种子又萌发形成第二次出草高峰。

(4)山药田　4 月上旬(清明前后)播种,杂草出草规律与芋田相似。

(二)综合防除措施

1. 化学除草技术

(1)马铃薯田

①48%氟乐灵　为选择性内吸传导型土壤处理剂。播后苗前或移栽前用药,每 667 平方米用 48%氟乐灵乳油 100～125 毫升,加水 40～50 升,均匀喷雾于土表。对一年生禾本科杂草如马唐、牛筋草、狗尾草、旱稗、千金子、早熟禾、硬草等防

除效果好,对马齿苋、藜、反枝苋、婆婆纳等小粒种子的阔叶杂草也有较好的防效。在使用时应做到:第一,准确掌握用药量,力求喷洒均匀。第二,整地要细,整地不细土块中杂草种子接触不到药剂,遇雨土块散开仍能出草。第三,提高拌土质量,减少露药。氟乐灵易光解失效,施药后应立即拌土,把药混入土中。一般要求喷药后 8 小时内拌土结束,药剂入土深度 3～5厘米。第四,低温干旱地区,氟乐灵施入土壤后残效期较长,因此,下茬不宜种植高粱、谷子等敏感作物。第五,氟乐灵对大粒种子的阔叶杂草如铁苋菜、鳢肠、蓼、苍耳、苦荬菜、龙葵的防除效果较差,对狗牙根、香附子、小蓟、田旋花等宿根性多年生杂草防除效果很差或基本无效,因此,在上述杂草多的马铃薯田,应与其他除草剂搭配或混配使用。

②33%除草通 为选择性内吸传导型土壤处理剂。播后苗前或移栽前用药,每 667 平方米用 33%除草通乳油 150～200 毫升,加水 40～50 升,均匀喷雾土表,可以有效地防除一年生禾本科杂草及部分阔叶杂草,如稗草、马唐、狗尾草、早熟禾、看麦娘、马齿苋、藜、蓼等。使用时应注意:第一,如遇干旱,则应混土 3～5 厘米深,以提高防除效果;第二,避免种子与药剂直接接触;第三,除草通防除禾本科杂草效果比阔叶杂草效果好,因此,在阔叶杂草较多的田块,可考虑同其他除草剂混用。

③20%大惠利 为选择性内吸传导型土壤处理剂。播后苗前或移栽前,杂草萌发出土前施药,每 667 平方米用 20%大惠利乳油 200～300 毫升,或 50%大惠利可湿性粉剂 100～150 克,加水 40～50 升,均匀喷雾地表。对一年生禾本科杂草,如旱稗、马唐、牛筋草、千金子、狗尾草、早熟禾等有较好的防除效果;对马齿苋、藜、繁缕、蓼等阔叶杂草也有一定的防

效。使用时应注意:第一,大惠利在土壤湿润条件下,除草效果好,如果土壤干燥应先浇水再施药,以提高防效;第二,大惠利对已出土的杂草效果差,宜早施药。用药前,对已出土的杂草应人工清除。

④48%地乐胺 选择性芽前土壤处理剂。播后苗前或移栽前,杂草出苗前用药,每 667 平方米用 48%地乐胺乳油 150～200 毫升,加水 60 升,均匀喷雾地表。能有效防除稗草、牛筋草、马唐、狗尾草、苋、藜、马齿苋等一年生禾本科杂草及部分阔叶杂草。使用时要注意:施药后要混土,混土深度为3～5 厘米。

⑤70%赛克津 选择性内吸传导型土壤处理剂。播前或播后苗前用药,每 667 平方米用 70%赛克津可湿性粉剂25～65 克,加水 40～50 升,均匀喷雾土表。能防除多种阔叶杂草和某些禾本科杂草,如藜、蓼、马齿苋、苦荬菜、繁缕、萹蓄、苍耳、稗草、狗尾草等。使用时应注意:第一,施药后遇有较大降水或大水漫灌,易产生药害,应予以避免;第二,播前用药后混土 5～7 厘米深,播后苗前用药后浅混土 2～3 厘米深。

⑥25%绿麦隆 为选择性内吸传导型土壤处理剂。播后苗前或移栽前,杂草芽前或萌芽出土早期用药。每 667 平方米用 25%绿麦隆可湿性粉剂 250～300 克,加水40～50 升,均匀喷雾土表,能有效地防除看麦娘、繁缕、早熟禾、狗尾草、马唐、稗草、苋、藜、簇生卷耳、婆婆纳等多种禾本科及阔叶杂草。对猪殃殃、大巢菜、苦荬菜、田旋花防除效果差。使用时应注意:第一,土壤湿润,有利于药效发挥。如土壤干燥,应先灌水再施药。第二,绿麦隆对某些杂草防除效果差,可与其他除草剂混用,以提高药效,扩大杀草谱。第三,绿麦隆在土壤中残留时间长,分解慢,施药不匀或单位面积用药量过大,影响后茬作物

生长。第四,绿麦隆水溶性差,使用时应先将可湿性粉剂加少量水搅拌,然后加水进行稀释。

⑦24%果尔　为选择性触杀型土壤处理兼有苗后茎叶处理作用的除草剂。播后苗前或播种(移栽)前用药。每667平方米用24%果尔乳油40～50毫升,加水60升,均匀喷雾土表,可防除稗草、千金子、牛筋草、狗尾草、硬草、看麦娘、棒头草、早熟禾、马齿苋、铁苋菜、苋、藜、婆婆纳、鳢肠、蓼等多种一年生杂草,对多年生杂草防除效果差。使用时应注意:第一,初次使用时,应根据不同气候带,先经小规模试验,找出适合当地使用的最佳施药方法和最适剂量后,再大面积使用;第二,果尔为触杀型除草剂,喷药时要求均匀周到,施药剂量要准;第三,勿使药剂污染水源。

⑧42%旱草灵　为选择性土壤除草剂。播后芽前或移栽前用药。每667平方米用42%旱草灵乳油70～120毫升,加水60～120升,均匀喷雾土表。可防除千金子、马唐、牛筋草、硬草、看麦娘、棒头草、繁缕、婆婆纳、苘麻、鳢肠、通泉草等多种一年生杂草。使用时应注意:勿使药剂污染水源。

⑨25%恶草灵　选择性触杀型土壤处理除草剂。播后苗前或移栽前用药。每667平方米用25%恶草灵乳油100～150毫升,加水60升,均匀喷雾土表。可以防除一年生禾本科杂草和阔叶杂草,如马唐、稗草、千金子、牛筋草、鳢肠、铁苋菜、蓼、苋、藜、泽漆等。对石竹科杂草无效。使用时应注意:第一,土壤湿润是药效发挥的关键;第二,地要整细,喷施要均匀,对已出土的杂草,施药前要清除;第三,恶草灵对多年生杂草和块根类杂草防效差,应注意与其他除草剂搭配使用。

⑩50%利谷隆　选择性苗前、苗后除草剂,具有内吸和触杀作用。播后苗前或移栽前、杂草出土前至3～4叶期用药。每

667平方米用50%利谷隆可湿性粉剂100～125克,加水40～50升,均匀喷雾于土表,可以防除多种阔叶杂草和禾本科杂草,如狗尾草、牛筋草、马唐、稗草、苋、藜、苍耳、铁苋菜、马齿苋、苘麻、猪殃殃、蓼等。使用时应注意:第一,土壤有机质含量低于1%或高于5%时不宜使用本剂,沙质土壤或降水多时不宜使用;第二,施药后半个月内无降水,应进行浅混土(1～2厘米深),以保证药效。

⑪50%伏草隆 为选择性内吸传导型土壤处理剂。播后苗前或移栽前,杂草在出苗前至1.5叶期前用药。每667平方米用50%伏草隆可湿性粉剂100～200克(沙土用低剂量、粘土用高剂量),加水40～50升,均匀喷雾于土表,可防除一年生禾本科杂草和阔叶杂草,如马唐、稗草、牛筋草、狗尾草、早熟禾、苋、藜、繁缕等。使用时应注意:土壤干燥时会降低除草效果,配合灌水可提高药效。

⑫10.8%高效盖草能 为选择性内吸传导型茎叶处理剂。一年生禾本科杂草3～6叶期,每667平方米用10.8%高效盖草能乳油20～30毫升,加水40～50升,均匀喷雾杂草茎叶。以多年生禾本科杂草为主,在生长旺盛期,每667平方米用10.8%高效盖草能乳油40～50毫升,加水40～60升,均匀喷雾于杂草茎叶。可有效防除稗草、千金子、马唐、狗尾草、看麦娘、硬草、棒头草、狗牙根等禾本科杂草,对阔叶杂草和莎草科杂草无效。使用时应注意:第一,喷雾要均匀周到,并保持施药后3小时内无降水,以免影响药效;第二,对禾本科作物敏感,切勿喷到邻近水稻、麦子、玉米等禾本科作物上,以免产生药害。

⑬15%精稳杀得 为选择性内吸传导型茎叶处理剂。一年生禾本科杂草2～5叶期,每667平方米用15%精稳杀得

乳油 30～60 毫升,加水 40～50 升,均匀喷雾于杂草茎叶。以多年生禾本科杂草为主,在生长旺盛期,每 667 平方米用 15%精稳杀得乳油 80～120 毫升,加水 40～60 升,均匀喷雾于杂草茎叶。能防除看麦娘、硬草、千金子、马唐、牛筋草、狗尾草、棒头草等禾本科杂草,对阔叶杂草和莎草科杂草无效。使用时应注意:喷雾要均匀周到,保证药效充分发挥;精稳杀得对禾本科作物敏感,切勿喷到邻近水稻、麦子、玉米等禾本科作物上,以免产生药害。

⑭10%禾草克　为选择性内吸传导型茎叶处理剂。一年生禾本科杂草 2～5 叶期,每 667 平方米用 10%禾草克乳油 60～80 毫升,加水 40～50 升,均匀喷雾于杂草茎叶。以多年生禾本科杂草为主,在生长旺盛期,每 667 平方米用 10%禾草克乳油 150～250 毫升,加水 40～60 升,均匀喷雾于杂草茎叶。能防除稗草、千金子、马唐、狗尾草、牛筋草、看麦娘、硬草、早熟禾、棒头草、狗牙根等。对阔叶杂草和莎草科杂草无效。使用时应注意:喷施要均匀周到,并保持施药后 1 小时内无降水,以免影响药效;禾草克对禾本科作物敏感,使用时切勿喷到邻近水稻、麦子、玉米等禾本科作物上,以免产生药害。

⑮20%拿捕净　为选择性强的内吸传导型茎叶处理除草剂。禾本科杂草 2 叶至 2 个分蘖期,每 667 平方米用 20%拿捕净乳油 60～100 毫升,加水 40～50 升,均匀喷雾于杂草茎叶。能有效防除一年生禾本科杂草,如旱稗、狗尾草、马唐、牛筋草、看麦娘等,适当提高用量也可防除狗牙根等多年生禾本科杂草。使用时应注意:干旱或杂草较大时杂草的抗药性强,用药量应酌加;施药作业时药液雾滴不能飘移到邻近的单子叶作物上。

⑯12%威霸　为选择性芽后传导型除草剂。防除一年生

禾本科杂草,如看麦娘、稗草、千金子、狗尾草、牛筋草等,于杂草出苗后 2 叶期至分蘖期前,每 667 平方米用 12%威霸乳油 30～45 毫升,加水 40～50 升,均匀喷雾于杂草茎叶。防除狗牙根等多年生禾本科杂草于生长旺盛期用药,每 667 平方米用 12%威霸乳油 40～100 毫升,均匀喷雾于杂草茎叶。使用时应注意:第一,在单、双子叶杂草混生的马铃薯田可与其他除草剂混用;第二,本品对鱼类有毒,应防止污染水源。

⑰地膜马铃薯田的化学除草

普通地膜:目前使用较广的土壤处理除草剂有氟乐灵、除草通、恶草灵、果尔、地乐胺等。氟乐灵、除草通、地乐胺等对一年生禾本科杂草防除效果好,恶草灵、果尔等对多种禾本科杂草和阔叶杂草有效,杀草谱较广。方法是:播种前先整好地,做好畦,随后喷洒除草剂,最后覆盖地膜。使用时应注意:整地要细,覆膜的畦面土壤要求细碎疏松,无植物残株;喷药要均匀,不重喷、漏喷,除草剂单位面积的用量应比露地栽培常规用量略少;盖膜时要使地膜和土壤表面紧密结合,两者之间不留空隙,做到"紧、严、实",以利于除草剂药效的发挥;为保证地膜覆盖马铃薯田整个田块无草,除畦面需喷药外,畦埂也应喷药。

除草剂地膜:用 Y-2 除草地膜,能有效防除一年生禾本科杂草和双子叶杂草,如旱稗、狗尾草、马唐、早熟禾、看麦娘、藜、马齿苋等。方法是:马铃薯播种时直接将药膜盖在平整好的畦面上,当有一定湿度时药剂发挥除草作用,可保证马铃薯整个生育期无杂草危害。

(2)甘薯田 土壤处理可用氟乐灵、大惠利、地乐胺、威霸、果尔、恶草灵、旱草灵等除草剂,于移栽前用药,防止秧苗受害。用量及注意事项同马铃薯田。茎叶处理用高效盖草能、稳杀得、禾草克等除草剂防除,方法同马铃薯田。

（3）芋田、山药田　用果尔、恶草灵、旱草灵等除草剂防除杂草,方法同马铃薯田。

2. 其他显效措施

（1）轮作　通过轮作改变土壤层的耕作制度,以降低伴生性杂草的密度,改变田间优势杂草群落,使田间杂草种群数量降低。

（2）耕翻　土壤通过多次耕翻后,苦荬菜等多年生杂草翻埋在地下,使杂草逐渐减少或长势衰退,从而使杂草生长受到抑制,达到除草目的。

（3）中耕培土　这项措施不仅能除草,还有使土壤耕层深松、贮水保墒等作用。如对露地马铃薯一般在苗高10厘米左右进行第一次中耕,第二次在封垄前完成。能有效地杀除小蓟、牛繁缕、稗草、反枝苋等。

（4）人工除草　一般适宜于小面积或大草田块。

（5）机械和物理方法除草　利用农具除草;利用有色地膜,如黑色膜、绿色膜等覆盖,具有一定的抑草作用。

十一、水生蔬菜

水生蔬菜包括茭白、莲藕、水芹菜、菱、豆瓣菜（西洋菜）以及湿生的慈姑、芋艿、荸荠等。水生蔬菜面积占整个蔬菜面积的比例很小,但它对补充蔬菜淡季供应不足、保证蔬菜长年均衡上市有不可忽视的作用。水生蔬菜与大部分旱地蔬菜生态环境不同,它要求在水层条件下生长。

（一）杂草的发生与危害

水生蔬菜田杂草与稻田杂草一样,主要由水生杂草及湿生杂草组成。主要杂草有稗、异型莎草、鸭舌草、扁秆藨草、千金子、眼子菜、节节菜、鳢肠、陌上菜、萤蔺、水莎草、水苋菜、牛毛毡等40余种。以稗草发生与危害面积最大,约占水生蔬菜田总面积的53%;异型莎草、鸭舌草、扁秆藨草、千金子、眼子菜等发生与危害的面积次之,约占水生蔬菜田面积的10%～15%。据对上海郊区茭白田的调查,春季移栽,秋季及翌年春季可收获1次的茭白田,夏、秋季田间的杂草有稗草、千金子、鸭舌草、四叶萍、牛毛草等。这些杂草在茭白栽后1周开始发生,高峰期在5月上旬至6月上旬,6月中旬后茭白封行,杂草很少发生;而该田冬、春季田间的杂草以茵草、看麦娘等湿生禾本科杂草为主,它的发生与茭白收获后的断水时间有关,断水早则杂草发生早,发生期一般在10月初至11月下旬,高峰期在11月上中旬。据调查,上海郊区春栽茭白田一级危害占6.7%,二级危害占25.3%,三级危害占41.2%,四级危害占24.6%,五级危害占4.6%;三级以上危害占70.4%。

（二）综合防除措施

1. 化学防除

(1)茭白田　据测算,二级以上危害的春栽茭白田用人工除草的办法需4～6个工,冬季二级以上危害田需6～10个工,所以茭白田内采取行之有效的化学防除方法十分必要。

茭白与水稻、麦同属禾本科作物,春季栽培的茭白田,夏季发生的杂草与水稻田相似,适用于水稻的很多除草剂,一般都适用于茭白田应用;而秋季发生的杂草又与麦田相似,适用于麦田的除草剂,同样适用于茭白田施用。

①60%丁草胺乳油 茭白移栽活棵后或宿生茭白杂草萌芽期,每 667 平方米用 60%丁草胺 100~150 毫升,加水 40~50 升,喷雾,也可拌泥(沙)或肥料 30 千克,均匀撒施于茭白田。施药时田间应保持 3~5 厘米水层,保水 2~3 天,并注意水层不能超过茭白心叶。丁草胺主要防除稗草、千金子等一年生禾本科杂草及异型莎草、碎米莎草等一年生莎草科杂草;对鸭舌草、陌上菜、节节菜、小茨藻等一年生阔叶杂草亦有一定的防效;但不能防除扁秆藨草、水三棱、野荸荠、眼子菜、野慈姑等多年生杂草。

②10%农得时可湿性粉剂 茭白移栽活棵后或宿生茭白田杂草芽期,每 667 平方米用 10%农得时 15~25 克拌泥(沙)或肥料 15 千克,均匀撒施于茭白田间。施药时田间应保持 3~5 厘米水层,保水 2~5 天,以后恢复正常灌溉。农得时能防除鸭舌草、鳢肠、陌上菜、水苋菜、眼子菜、节节菜、牛毛毡等阔叶杂草及异型莎草、水莎草、碎米莎草、萤蔺、日照飘拂草等莎草科杂草,但不能防除稗等禾本科杂草及扁秆藨草等多年生莎草科杂草。

③20%稻田清可湿性粉剂 该除草剂是乙草胺等与农得时混剂,它具有扩大杀草谱、使用方便、价格低廉等优点,可防除茭白田几乎所有的杂草,是比较理想的茭白田一次性防草剂。施用方法是:每 667 平方米用 20%稻田清 30 克拌泥(沙)或肥料 15 千克,于茭白移栽活棵后或宿生茭白杂草芽期,均匀撒施于茭白田间。施药时田间应保持 3~5 厘米水层,保水 2~5 天,并注意水层不能超过茭白心叶。

④25%恶草灵乳油 该药杀草谱较广,能防除稗、千金子、异型莎草、牛毛毡、鸭舌草、雨久花、鳢肠、藻类等杂草,对

萤蔺等多年生莎草科杂草亦有抑制作用,但不能防除眼子菜等。在茭白移栽活棵后或宿生茭白田杂草芽期,每667平方米用25%恶草灵100～150毫升拌泥(沙)或肥料15千克,均匀撒施于茭白田间。施药时茭白田应保持浅水层,用药后保持2天以上水层(不能淹过茭白心叶),但不能用瓶抛法施药。恶草灵还可以在茭白移栽前用瓶抛法把药剂撒入茭白田中,2～5天后再移栽茭白。

⑤20%稻草宁　该药为内吸传导选择性土壤处理除草剂。通过杂草的幼叶和根吸收。能防除稗草、千金子、异型莎草、牛毛毡、水莎草、扁秆藨草、日照飘拂草、碎米莎草、节节菜、陌上菜、鳢肠、蓼、鸭舌草、丁香蓼等杂草。在茭白栽后,或宿生茭白返青后,每667平方米用稻草宁40克拌20千克土撒施保水。注意事项:田水深保持在10厘米以内,不可太深,否则防效下降;不可对茭白喷雾。

⑥10%草克星　该药为内吸传导选择性土壤处理除草剂。通过杂草的幼叶和根吸收。能防除异型莎草、牛毛毡、水莎草、扁秆藨草、日照飘拂草、碎米莎草、节节菜、陌上菜、鳢肠、蓼、鸭舌草、丁香蓼、野荸荠、稗草等杂草。在茭白移栽活棵后,或宿生茭白返青后,每667平方米用草克星25克拌20千克土撒施保水。露水干后撒施。

此外,稻田土壤处理剂扫弗特、都尔、果尔、杀草丹、优克稗、艾割、草克星、新得力等均可在茭白田应用。

⑦48%苯达松液剂　该药是茎叶处理剂。主要防除阔叶杂草及莎草科杂草。当茭白成株、杂草发生以后,每667平方米用48%苯达松150～250毫升,加水40～50升,均匀喷雾于杂草茎叶。喷药时茭白田应放干水,药后1天恢复正常灌溉。此药对茭白安全,如防除扁秆藨草,可适当加大用量。与

苯达松一样可以防除茭白田阔叶杂草及莎草的还有茎叶处理剂 2 甲 4 氯、使大隆、禾田灵等。

⑧25%绿麦隆可湿性粉剂　宿生茭白当年秋季收获 1 次后越冬，翌年春夏季再收获 1 次。所以秋冬杂草亦在宿生茭白田发生，但主要是湿生杂草，尤以湿生的禾本科杂草为主。茭白秋季收获排水后，杂草萌芽期每 667 平方米用 25%绿麦隆 250～300 克，加水 40～50 升，均匀喷雾于土表，可防除看麦娘、茵草、棒头草、早熟禾等禾本科杂草，同时兼防牛繁缕、繁缕、婆婆纳、猪殃殃等一年生阔叶杂草。与此药同类的尚有异丙隆、利谷隆等亦可应用。

⑨50%乙草胺乳油　宿生茭白秋季收获排水后，每 667 平方米用 50%乙草胺 100～150 毫升，加水 40～50 升，均匀喷雾于土表，可防除看麦娘、日本看麦娘、茵草、硬草、棒头草、早熟禾等禾本科杂草，对牛繁缕、小藜等一年生阔叶杂草亦有效。与乙草胺一样，主要针对宿生茭白田防除禾本科杂草的土壤处理剂还有杀草丹、丁草胺、拉索等。

(2)水芹菜等其他水生蔬菜田　水芹菜属伞形科。防除水芹菜田杂草有两种药可以选用：一是 10%农得时可湿性粉剂。每 667 平方米用 10%农得时 20～30 克拌泥(沙)或肥料 15 千克，均匀撒施于水芹菜田，保水 2 天以上。二是 25%恶草灵乳油。每 667 平方米用 25%恶草灵 100～150 毫升，方法与农得时同。

慈姑、芋艿、荸荠等湿生蔬菜杂草的防除，可在播种后抽芽前，用氟乐灵、除草通、地乐胺、绿麦隆、乙草胺、拉索、都尔、敌草胺、果尔、津乙伴侣等土壤处理剂及拿捕净、精稳杀得、稳杀得、威霸、禾草灵、苯达松、虎威等茎叶处理剂。方法可参考豆类化学除草项。

水生蔬菜中的菱、豆瓣菜、荸荠、莲藕等只能选用高效盖草能、拿捕净、精稳杀得、稳杀得、禾草灵等防除禾本科杂草，其他除草剂对这些田块不安全。

2. 其他显效措施

在水生蔬菜内除了水、旱轮作能明显地减少杂草外，以水控制的作用尤为显著。千金子在萌发期要求湿润的条件，届时灌水 4 天以上就能杀灭 70%～80% 的千金子。稗草等禾本科杂草幼苗经受不了长期的没顶淹水，当禾本科杂草基本齐苗时，用大水漫灌，保水 4～5 天以上，同样能杀灭大部分禾本科杂草。灌水淹草的办法对防除异型莎草等一年生莎草科杂草同样有效。

十二、特种蔬菜

特种蔬菜有芦笋、朝鲜蓟、黄秋葵、蒌蒿、生姜、草莓、茴香等。

（一）杂草的发生与危害

此类蔬菜田的主要杂草有禾本科的马唐、牛筋草、狗尾草、看麦娘、野燕麦等，阔叶类的杂草藜、苋、马齿苋等。由于此类特种蔬菜种植的年代不算很长，除上海市农业科学院的石鑫等有过研究外，资料较少。

（二）综合防除措施

1. 化学防除

（1）芦笋　芦笋是多年生草本植物。芦笋可进行分株繁殖，但作为蔬菜生产多进行种子繁殖。在长江流域宜在 3～4

月间播种,出苗、生长期为5～7月份,此时杂草多为春夏季杂草,主要有马唐、旱稗、狗尾草、牛筋草、香附子、飘拂草等。可使用以下除草剂防除:

第一,每667平方米用50%利谷隆可湿性粉剂150～200克,加水60升,于芦笋播后苗前喷雾。若在杂草严重的田块应用,应先在播种行先喷1条宽2.5米的活性炭苗带,然后按每667平方米用50%利谷隆可湿性粉剂200～300克的量喷施。施药后4个月内不可种其他蔬菜,1年内用药总量不可超过300克。沙土地用药要减量。若苗后喷雾,每667平方米用量为60～100克。

第二,每667平方米用20%克芜踪水剂100～200毫升,加水50升,于芦笋播后苗前或移栽前定向喷雾。芦笋出苗后禁用。此药毒性较大,操作时喷药人员要戴口罩、穿长衣,防止发生事故。

第三,每667平方米用24%果尔乳油48～72毫升,加水50升,于芦笋播后苗前或移栽前喷雾。不可对出苗的芦笋喷雾。保持土表湿润是获得满意防效的关键。

(2)朝鲜蓟　朝鲜蓟是菊科多年生草本植物。可进行种子繁殖和分株繁殖。长江中下游可在10月下旬至11月份进行。此时多为冬季杂草,危害并不严重。种子繁殖在长江中下游可在9月上中旬播种,10月上中旬定植。此时多为秋季杂草,危害较重。可使用下列除草剂防除:

第一,每667平方米用50%大惠利可湿性粉剂150～250克,加水50升,于朝鲜蓟移栽活棵后喷药。此时若有出苗的草,应先拔除。要求保持土表湿润。

第二,每667平方米用24%果尔乳油40～48毫升,加水50升,于朝鲜蓟播后苗前或移栽60天后喷雾。避免药液喷到朝鲜蓟的叶片、芽和花上。最后一次用药与收获至少间隔 7 天。

第三，禾本科杂草 2～4 叶期、朝鲜蓟 12 厘米高时，每 667 平方米用 5%快扑净乳油 25～40 毫升，加水 30 升，均匀喷雾。若禾本科杂草超过 4 叶期，用药量需适当加大。

(3)黄秋葵 黄秋葵是锦葵科一年生草本植物。可露地直播，也可育苗移栽。在华南和浙江省的浙南地区，春、夏、秋 3 季都可种植。由于播种和种植时期不同，其田间杂草可分为春、夏、秋季杂草。可使用以下除草剂防除：

第一，每 667 平方米用 41%春多多 200～600 毫升加 25%果尔 25 毫升，加水 50 升，均匀对杂草喷雾。不可喷到黄秋葵的植株上。

第二，每 667 平方米用 48%氟乐灵 200～250 毫升，于黄秋葵苗前或收割后，加水 40～60 升，均匀喷雾。

第三，每 667 平方米用 50%丁草胺 150 毫升，或 72%都尔 100 毫升，或 96%金都尔 50～60 毫升，在黄秋葵播前或播后出苗前，阴雨天或田间湿度大时，加水 50 升，均匀喷雾，可有效地防除多种芽期杂草。

(4)茼蒿 茼蒿是菊科蒿属多年生草本植物。现在作为一年生蔬菜栽培。我国东北、华北和中南地区多有分布和种植。可采用种子繁殖、扦插、分株和地下茎等繁殖法。一般多采用扦插繁殖法。扦插法多在 7～8 月份剪取健壮的枝条进行。此时多为夏季杂草。可用以下除草剂防除：

第一，每 667 平方米用 24%果尔乳油 48～60 毫升，加水 50 升，于茼蒿休眠期或移栽前喷雾。喷后保持土表湿润。亦可在茼蒿生长期以果尔定向喷雾。

第二，每 667 平方米用 43%旱草灵 90～120 毫升，加水

50升,于姜蒿休眠期或移栽前喷雾。喷后保持土表湿润。亦可在姜蒿生长期以旱草灵定向喷雾。

(5)生姜　生姜属襄荷科多年生宿根植物。长江流域一般在4月份栽植;广东、广西等地春暖早,栽植期为2～3月份。姜的生长期长达5～6个月,其杂草有春季、夏季和秋季杂草,其中春、夏季杂草较多,危害较重。可使用以下除草剂防除:

第一,每667平方米用33%除草通乳油150～180毫升,加水60升,于生姜播后苗前喷雾。沙土地用药需减量。

第二,每667平方米用25%都尔乳油48～60毫升,加水50升,于生姜播后苗前喷雾。

第三,每667平方米用24%果尔乳油48～60毫升,加水50升,于生姜播后苗前喷雾。喷后保持土表湿润。亦可在生姜生长期以果尔定向喷雾。

第四,生长期每667平方米用15%稳杀得或11%禾草克50毫升,或用10.8%高效盖草能20毫升,加水30～40升,喷雾杀灭3～4叶期禾本科杂草。

(6)草莓　草莓是秋冬季移栽、翌年春夏季结果的二年生草本植物。它既可作为食用性水果,也可作为食用性蔬菜栽培。目前草莓可进行大棚、地膜覆盖保护地栽培,也可露地栽培。草莓从苗期到结果采收期,杂草危害甚重,主要杂草有看麦娘、繁缕、莎草、飘拂草、雀舌草等。可用下列除草剂防除:

第一,土壤处理杀灭芽期杂草。每667平方米用50%丁草胺100～125毫升,或用72%都尔乳剂100～120毫升,或用35%施田补100毫升,加水50升,在草莓移栽前2天或移栽后(露地栽培)喷雾于土表。

第二,草莓移栽后10～15天,每667平方米用10.8%高效盖草能20毫升加50%丁草胺60～80毫升,加水50～60

升,阴雨天或湿度大时喷雾,可杀灭多种禾本科杂草、莎草及其他 12 种阔叶杂草。

第三,防除禾本科杂草,每 667 平方米用 10.8%高效盖草能 20 毫升,或 15%精稳杀得 70 毫升,加水 40～50 升喷雾,杀灭 3～5 叶期禾本科杂草。

(7)茴香 茴香是伞形科多年生宿根草本植物。生产上作一、二年生蔬菜栽培。茴香进行大田直播,长江流域可从 4～10 月份陆续播种,主要在春、秋二季播种。春播在 3 月下旬至 4 月下旬,秋播在 7 月上旬至 8 月上旬,其间夏秋季杂草数量较多,危害较重。可采取下列措施防除:

第一,茴香播后,盖草或盖遮阳网,减少杂草发生和危害。

第二,套种高秆豆类等蔬菜遮阳或占有地面较多的空间,减少杂草种群数。

第三,播前每 667 平方米用 48%氟乐灵 100～150 毫升,或扑草净 100 克,加水 50 升喷雾,杀灭芽期杂草。

第四,生长期可喷施禾草克,或稳杀得,或高效盖草能,或盖草灵,防除 3～4 叶期禾本科杂草。

2. 其他显效措施

农业法防除特种蔬菜杂草主要有合理密植、适期播种、栽前灭生、轮作换茬及化学防除与人工拔草相结合等防除措施。

十三、菜用玉米

(一)杂草的发生与危害

菜用玉米主要包括糯玉米、甜玉米和笋用玉米等,就其种植季节和种植方式可分为春玉米、夏玉米和地膜玉米。

春播玉米田以多年生杂草、越年生杂草和早春杂草为主，如田旋花、打碗花、苣荬菜、荠菜、泥胡菜、藜、蓼等；而夏播玉米田则以一年生禾本科杂草和晚春性杂草为主，如稗草、马唐、狗尾草、反枝苋、铁苋菜、马齿苋、鳢肠、龙葵、异型莎草等；地膜覆盖栽培的玉米田，由于温、湿度和水肥条件好，更易发生草害。

玉米苗期受杂草危害严重，中后期的杂草对玉米的生长影响不大。玉米苗期受杂草危害时，植株矮小，秆细叶黄，会导致中后期生长不良，双穗率降低，空秆率提高，穗粒数和粒重明显下降，造成严重减产。据北京市植保站对北京地区玉米田草害的调查结果表明：玉米的草害面积占播种面积的 90.1%，其中二级危害的占 18.8%，三级危害的占 27.1%，四级危害的占 20.9%，五级危害的占 23.3%。夏玉米受混合杂草群落危害达二、三、四、五级时，减产幅度分别为 5.2%～6.8%，13.7%～16.2%，19.2%～26.2% 和 27.4%～35.3%。全市玉米每年因杂草危害减产 2.4 亿千克，占玉米总产量的 20% 左右。

（二）综合防除措施

1. 化学防除

（1）播后苗前土壤处理

①40% 乙莠水悬浮乳剂　该药剂是由河北省宣化农药厂研制生产的玉米田专用特效除草剂，为内吸传导型选择性苗前苗后除草剂。该药对玉米田的一年生禾本科杂草，如马唐、狗尾草、稗草、牛筋草、千金子、画眉草、早熟禾等，以及一年生阔叶杂草，如藜、蓼、苋、龙葵、苍耳、鳢肠、马齿苋、铁苋菜、繁缕、鸭跖草等，都有极好的防除效果；对莎草科杂草等也有明

显的抑制作用。

该药不仅除草谱广,而且杀草活性高,使用期长,对玉米及后茬农作物等都很安全。在玉米播后苗前到玉米苗后杂草3叶期之前,每667平方米用40%乙莠水悬浮剂,夏玉米用药量为150～200毫升,春玉米用药量为150～400毫升,加水50升左右,均匀喷雾,田间持效期达50～60天,一次用药便能保证玉米整个生育期不受杂草危害。

注意事项:乙莠水悬浮乳剂的除草效果与土壤湿度关系密切,湿度较大时药效好,土壤干燥时药效低。通常在施药前需浇1次小水,达到水过地皮湿的程度。要严格掌握用药时间,最好在杂草出土前施药,以保证药效充分发挥。有机质含量较低的砂壤土地,使用该药剂时应适当降低用药量。

②50%禾宝乳油 该药是一种高效、广谱、安全的新型除草剂。可以有效防除多种一年生禾本科杂草和阔叶杂草。对马唐、稗草、牛筋草、狗尾草、大画眉草、千金子、虎尾草、马齿苋等效果明显,对部分多年生杂草和莎草科杂草也有明显的抑制作用。

该药既可用于播后芽前土壤处理,也可在玉米出苗后杂草3叶期以前作茎叶处理。每667平方米用禾宝乳油80～100毫升,加水50升,均匀喷雾,可有效地防除多种杂草。土壤湿度与药效的关系密切,湿度适宜墒情好时药效高。该药对杂草幼芽敏感,在玉米播后芽前或苗后早期施药最好。

③50%乙草胺乳油 该药为选择性芽前除草剂。对牛筋草、马唐、稗草、狗尾草、画眉草、千金子、早熟禾、野黍等一年生禾本科杂草有特效,对藜、蓼、苋、马齿苋等阔叶杂草也有较好的防效。在玉米播后苗前,东北地区每667平方米用乙草胺150～250克,华中、华北、华南地区每667平方米用乙草胺

80～150克,加水50升,均匀喷雾于地表。地膜覆盖田,用量减少1/3左右。土壤湿度对药效的发挥影响很大,湿度大,杂草种子就会更快地、更多地吸收除草剂,因此,施药前最好浇水或有降水。

④90%禾耐斯乳油 该药为选择性芽前除草剂。对防除稗草、狗尾草、画眉草、千金子、早熟禾、看麦娘等一年生禾本科杂草和碎米莎草有特效,对藜、蓼、苋、马齿苋、龙葵等阔叶杂草等也有一定的防除效果。在玉米播后苗前,华北地区每667平方米用90%禾耐斯乳油60～80毫升,东北地区用药量为100～120毫升,长江流域和华南地区用药量为40～60毫升,地膜覆盖玉米用药量为30～45毫升,加水40～60升,喷雾于地表。施药后需要有一定的土壤水分,才能充分发挥药效。在干旱或降水量较少的地区,可采用播前土壤处理,施药后浅混土2～3厘米深,混土后再播种。

⑤33%除草通乳油 该药对防除一年生禾本科杂草,如稗草、马唐、狗尾草、牛筋草有特效,对反枝苋、马齿苋、藜等也有较好的防效。在玉米播种前或播后苗前,每667平方米用33%除草通乳油150～250毫升,加水30～50升,均匀喷雾。在土壤墒情不好时,可浅混土,混土深度以药剂不接触作物种子为准。若玉米苗后施药,应在阔叶杂草长出2片真叶、禾本科杂草1.5叶期之前施药。在杂草2叶期以后施药,药效降低。

在双子叶杂草较多的地块,可与莠去津混用,每667平方米用33%除草通乳油150毫升,加38%莠去津胶悬剂80毫升,于玉米播后苗前作土壤喷雾处理。

⑥72%都尔乳油 该药为选择性芽前土壤处理除草剂。其作用机制主要是抑制杂草发芽种子的蛋白质合成。该药对

杀灭禾本科杂草幼芽的能力比阔叶杂草强,因而都尔对防除禾本科杂草的效果优于阔叶杂草。在玉米播后苗前,每667平方米用72%都尔乳油80～120毫升,加水50升,均匀喷雾于土表。沙质土壤用药量低,粘质土壤用药量高。如土壤表层干燥时,最好进行浅混土。

⑦48%拉索乳油　该药为选择性芽前除草剂。除草活性高,在土壤中的药效期为4～8周,能有效地防除一年生禾本科杂草和一些一年生双子叶杂草。在玉米播后苗前,每667平方米用48%拉索乳油200～300毫升,加水50升,均匀喷雾于土表。施药后1周内如遇降水或灌溉,有利于药效发挥。在干旱条件下施药后,应进行浅混土,混土深度2～4厘米,能提高除草效果。

(2)杂草茎叶喷雾处理　玉米出苗后3～5叶期,单子叶杂草1～2叶期,双子叶杂草2～4叶期,每667平方米用50%禾宝乳油100毫升,或40%乙莠水悬浮乳剂200～250毫升,或4%玉农乐水剂80～100毫升,或50%都阿合剂200毫升,或38%莠去津胶悬剂150毫升加48%拉索乳油120～150毫升,或38%莠去津胶悬剂150毫升加33%除草通乳油100毫升,或38%莠去津胶悬剂150毫升加4%玉农乐水剂60毫升,或38%莠去津胶悬剂120毫升加48%百草敌水剂20毫升,加水750升,均匀喷雾于杂草茎叶上。阔叶杂草发生较重的玉米田,可在玉米4～6叶期,每667平方米用75%巨星干悬浮剂1克,或75%宝收1克,或48%百草敌水剂25～30毫升,或72%2,4-滴丁酯乳油50毫升,或22.5%伴地农乳油80～100毫升,或20%使它隆乳油50～60毫升,或40%F 8426干悬剂3～4克,加水30升,均匀喷雾于杂草茎叶上。

(3)地膜覆盖玉米田防除措施　在气温较低又干旱的春

玉米生产区,常采用地膜覆盖栽培技术,以增温,保墒,促进玉米出苗快长。由于地膜内的温度高,湿度大,有利于除草剂药效的发挥。因此,地膜覆盖玉米田与露地种植田施药相比,较低的除草剂用量(一般比常规用量减少 1/4~1/2),便可收到很好的除草效果。地膜覆盖玉米田每 667 平方米可用 50%禾宝乳油 50~70 毫升,或 40%乙莠水悬浮乳剂 120~150 毫升,或 50%乙草胺乳油 50~70 毫升,或 72%都尔乳油 40~53 毫升,或 48%拉索乳油 150 毫升,或 33%除草通乳油100~150 毫升,在玉米播种镇压后加水 30~50 升,均匀喷雾于土表,然后覆膜封土。如果只在苗带施药,要根据实际施药面积计算用药量。

2. 其他显效措施

玉米田杂草的防除,应采取以农业防除为基础,化学防除为主要手段的综合防除措施。农业防除的措施主要有以下几种:一是合理轮作。如水旱轮作,在马唐、马齿苋、香附子、刺儿菜等旱田杂草发生严重的农田,可采取水旱轮作的办法;也可采用玉米与大豆、花生或棉花轮作,可有效防除多年生的禾本科杂草。二是人工除草。三是施用腐熟的有机肥。

十四、保护地栽培蔬菜

保护地栽培蔬菜田是区别于露地栽培的地膜覆盖、塑料大棚、塑料中棚、塑料小棚、日光温室、加温温室等蔬菜田。除地膜覆盖蔬菜可以种植不同种类蔬菜外,其他棚室主要栽培黄瓜、甜瓜、番茄、茄子等茄果类作物及韭菜等越冬作物或早春作物。棚室还是育苗及制种的主要场所。

（一）杂草的发生与危害

各种形式的保护地栽培主要是提高了蔬菜生态环境的温度与湿度，从而有利于蔬菜的生长，但同样亦有利于杂草的繁衍。保护地蔬菜田的杂草与露地蔬菜田的杂草相比，具有以下4个明显的发生特点：

1. 季节性变化不明显

如上海地区四季分明，露地蔬菜田杂草随着气候的变化，在种类、数量及危害程度上有周年规律性的变化。其中以3～5月份的春夏季杂草和9～11月份的秋冬季杂草种类最多，发生期最长，危害最为严重。而12月份至翌年2月份的严冬以及7～8月份的酷暑，杂草很少发生。但在各种棚室内，由于四季如春，已经没有或基本没有什么季节发生什么杂草的季节性规律，即使在严寒或酷暑季节，棚室内同样能见到杂草的发生和生长。在地膜覆盖田块，由于保温保湿性能较棚室为差，杂草发生的季节性变化仍比较明显。

2. 发生时间早

在不同类型的保护地蔬菜田，杂草发生明显较露地为早。如上海地区的棚室，每年2～3月份便可见马唐、牛筋草、马齿苋、稗草、凹头苋、鳢肠、千金子等春夏杂草发生，比露地提早1～2个月。杂草的提早发生，又使其成熟提前，世代重叠，危害加重。

3. 出苗整齐

在不同类型的保护地蔬菜田，某一种杂草的出苗往往仅在几天之内，一旦出苗，就能在较短的时间内达到出草高峰，这与露地杂草出苗要延续相当长的时间才能进入出草高峰有明显的区别。

4. 个体生物量大

在不同类型的保护地蔬菜田,由于适宜的温度与充沛的肥水,为杂草的生长提供了良好的环境,杂草个体生物量一般是露地同种杂草的 2 倍以上。杂草生长茂盛给防除带来了难度。

（二）综合防除措施

1. 化学防除

(1)土壤消毒　每平方米使用溴甲烷 40 克作土壤熏蒸,不仅对杂草种子或杂草的无性系繁殖器官有较好的杀灭作用,并且能防治病虫害。一般防除一年生杂草的效果在 95% 以上,防除多年生杂草的效果在 80% 以上。但溴甲烷熏蒸的缺点是成本高,工作量较大。

(2)选择性除草剂　鉴于保护地栽培蔬菜田特定的温、湿度小气候,在露地上应用的各种除草剂所推荐的剂量都需减半或减 1/3 使用,以免产生药害。从安全性、防效两方面综合考虑,在保护地栽培移栽蔬菜田可在移栽前,每 667 平方米选用 20% 敌草胺乳油 150～200 毫升,或 33% 施田补乳油 100～150 毫升,加水 40～50 升,均匀喷雾于土表,防除一年生禾本科杂草效果可达 90% 以上,防除一年生阔叶杂草效果可达 70% 以上。防除保护地栽培直播蔬菜田杂草,每 667 平方米可选用 20% 敌草胺乳油 100～150 毫升,于蔬菜播后苗前喷雾于土表。此外,选用 20% 克芜踪在蔬菜移栽前杂草生长盛期或蔬菜行间定向喷雾,具有见效快、无残留等优点,亦可在保护地蔬菜田应用。

2. 其他显效措施

在保护地蔬菜田中防除杂草最有效的方法是物理防除,

其中地膜覆盖是蔬菜栽培中应用最为广泛的增产措施之一。不同颜色、不同质地的地膜,控草效果不尽一致。从地膜颜色而言,以黑膜或银黑膜控草效果最为明显,一次盖膜能达到蔬菜整个生育期基本无草的目的。从地膜质地而言,质地较厚的地膜,由于透光性较差,防除杂草的效果明显高于厚度较薄的地膜。

用除草剂均匀涂抹在塑料薄膜或无纺布上制成的药膜,是物理与化学防除的结合,如扑草净、乙草胺药膜等,除草效果都比较显著。

十五、菜田沟、埂杂草的化学防除

(一)杂草的发生与危害

菜田沟坡、田埂杂草,一是影响菜田灌排;二是影响田边蔬菜的生长;三是有些杂草的种子、根茎和匍匐茎向田间蔓延伸入,增加草害侵染;四是有些寄主杂草间接传播病虫害。

菜田沟、埂杂草的发生特点是种类多,尤以恶性杂草为多。据调查,云、贵地区主要有双穗雀稗、马唐、早熟禾、辣子草、牛繁缕、滇苦菜、小旋花、空心莲子草和狗牙根等,其中影响最大的是双穗雀稗和空心莲子草;华东地区,影响最大的是空心莲子草;北方地区,影响较大的则是稗草和藜、蓼、苋等。

(二)化学防除

在菜田沟、埂上进行化学除草,一般选择灭生性或杀草谱较广的除草剂。在杂草发生比较单一的情况下,可有针对性地选用某些杀草谱较窄的除草剂。

1. 灭生性除草剂

灭生性除草剂能杀灭所有的绿色植物,所以使用灭生性除草剂一定要注意不要喷到蔬菜上,喷雾时喷头要尽量压低,以免药剂飘逸到蔬菜上造成药害。

(1)10%草甘膦水剂或41%农达水剂 每667平方米用10%草甘膦2 000~3 000毫升,或41%农达500~750毫升,加水40~50升,均匀喷雾在沟边、田埂杂草上。如在草甘膦或农达中加入0.1%的洗衣粉,可提高药效。用草甘膦或农达防除杂草最好在杂草株高15厘米左右时施用。施用过早,对多年生杂草上部防效虽好,但杀不死杂草的地下部分营养器官,造成杂草的灭后再生;施用过晚,杂草生长旺期已过,大部分茎秆已木质化,不利于药剂在植株中传导,防效较差。

(2)20%克芜踪水剂 该药为触杀性除草剂,喷雾时必须尽可能喷到杂草茎叶上。20%克芜踪一般每667平方米用400~800毫升,使用注意事项同草甘膦。

2. 选择性除草剂

第一,防除以双穗雀稗等禾本科杂草为主时,每667平方米用10%禾草克乳油50毫升,或用10.8%高效盖草能50~67毫升,加水40~50升,于禾本科杂草2~5叶期均匀喷雾于杂草茎叶上。

第二,防除以空心莲子草等阔叶杂草为主时,每667平方米用20%使它隆乳油50毫升喷雾,或每667平方米用20%使它隆50毫升加10%绿黄隆可湿性粉剂20克喷雾,既可杀灭已长成的杂草,又可作土壤封闭,防止新的杂草发生。

第三章　菜田除草剂的使用技术

为了达到安全高效除草的目的,必须采取恰当准确的施药方法,以使杂草能充分吸收药剂而杀死杂草,同时又要保护农作物不受损害。使用除草剂时,既有单用,又有混用,如果使用不当,不仅达不到理想的除草效果,浪费药剂,而且还会对当季或后茬农作物造成严重药害。

一、正确选择除草剂

(一)根据蔬菜类别选择

1. 白菜类、芥菜类、甘蓝类、绿叶菜类蔬菜

这类蔬菜包括大白菜、芥菜、花椰菜、芹菜、莴苣、茼蒿、菠菜、蕹菜、苋菜、芫荽等,一般不提倡用除草剂。如果一定要用,应选用大惠利、除草通等在播后苗前作土壤处理(芹菜、莴苣不宜用大惠利),或用果尔、恶草灵、旱草灵在栽前作土壤处理;芹菜育苗田可用地乐胺、果尔、恶草灵在播后苗前作土壤处理;莴苣、蕹菜可用果尔、恶草灵、旱草灵在栽前作土壤处理;茼蒿、苋菜可用除草通在播后苗前作土壤处理;周围没有水井和食用水水塘的菠菜地用杀草丹;芫荽用地乐胺在播后苗前作土壤处理。这类蔬菜地的前茬或周围不可用磺酰脲类除草剂,菠菜不可用乙草胺。用过快杀稗的田不可种这类蔬菜。

2. 根菜类、葱蒜类、薯芋类蔬菜

这类蔬菜包括韭菜、大蒜、大葱、洋葱、百合、萝卜、胡萝卜、大头菜、马铃薯、姜、山药等。韭菜生育期短,收割频繁,尽量不用除草剂。若必须使用,宜选择触杀型微毒除草剂,如果尔,在韭菜贴地收割后出土前喷雾于土表。由于果尔在植物体内不易位,因而果尔喷于土表,即使韭菜出土时接触到微量果尔,也不会在韭菜叶片中产生残留。大蒜、百合、马铃薯、姜、山药、大头菜的生育期长,且以食用鳞茎、块茎为主(大蒜又食用蒜薹),可以在这些蔬菜生长前期应用土壤处理剂或苗后早期茎叶处理剂,如果尔、蒜草醚、旱草灵、抑草宁等。在大蒜、百合生长中期,可用茎叶处理剂,如蒜草醚(此时喷药,药量要加大,水量要减少)。青蒜、大葱、洋葱生育期短,只能用触杀型土壤处理剂,如果尔(大葱、洋葱不可在播后芽前用,只能在栽前或栽后使用)。萝卜田、胡萝卜田可用传导性能差的除草剂,如除草通。用过快杀稗的田绝不可种萝卜、胡萝卜。萝卜田可用大惠利,胡萝卜田不可用大惠利。

3. 茄果类蔬菜

这类蔬菜不宜用茎叶处理剂。移栽茄果类蔬菜可选用触杀型土壤处理剂,如果尔、恶草灵或以触杀为主、有轻微内吸传导作用的旱草灵、大惠利、地乐胺,在作物生长的早期使用。用过快杀稗的稻田不可种茄果类蔬菜。

4. 瓜类蔬菜

这类蔬菜严禁使用乙草胺。宜选用除草通。也可选用果尔、恶草灵在播后芽前作土壤处理。用过快杀稗的田不可种瓜类蔬菜。

5. 豆类蔬菜

适合豆类蔬菜应用的除草剂较多,但仍应以土壤处理剂为首选。可用地乐胺、抑草宁、恶草灵等在播后苗前作土壤处理。用过快杀稗的田不可种豆类蔬菜。果尔和旱草灵也不宜在豆类蔬菜田使用。

6. 水生蔬菜

水生蔬菜尽量不用除草剂。若必须用,可选用低毒的新野、稻草宁、草克星等,在这些蔬菜生长前期作土壤处理。

7. 特种蔬菜

如芦笋、草莓、牛蒡、生菜、款冬、朝鲜蓟、蒌蒿、荠菜、马兰、菊花脑等。可选用果尔在播后芽前或移栽前作土壤处理。也可用恶草灵在芦笋活棵壅土后喷施。

(二)根据杂草类别选择

蔬菜地杂草分为 3 大类,一是禾本科杂草,二是莎草,三是阔叶草。蔬菜地应用除草剂不宜像大田那样,除禾本科杂草用一种药,除莎草或阔叶草另用一种药。蔬菜地应尽量减少除草剂使用的次数。例如,在露地大豆田,可用精禾草克防除禾本科杂草,再用苯达松防除莎草和阔叶草;但在豆类蔬菜田,则只能选择抑草宁低剂量作土壤处理。在必须用除草剂的蔬菜地,宜用微毒的土壤处理剂,尽早施用。

1. 禾本科杂草为主的蔬菜地

在阔叶蔬菜地,防除禾本科杂草,可用拿捕净、精稳杀得、威霸作茎叶喷雾,也可用大惠利作土壤处理。

2. 莎草为主的蔬菜地

可用莎扑隆作土壤处理。

3. 阔叶草为主的蔬菜地

可用果尔、恶草灵低剂量作土壤处理。

4. 禾本科杂草加阔叶草为主的蔬菜地

可用地乐胺、除草通作土壤处理。

5. 莎草加阔叶草为主的蔬菜地

可用灭生性除草剂草甘膦栽前茎叶处理。

6. 禾本科杂草加莎草加阔叶草的蔬菜地

可用果尔、恶草灵正常量,抑草宁、旱草灵、蒜草醚低剂量作土壤处理。

(三)根据栽培方式和环境条件选择

1. 地膜覆盖栽培蔬菜

地膜覆盖栽培蔬菜,膜内湿度大,有利于蔬菜生长,也利于杂草的繁衍。尽管如此,保护地蔬菜不宜过多使用除草剂,应通过适当加大播量,提高播种密度,建立蔬菜前期生长对杂草的竞争力。若必须用药,宜在播前或播后苗前低剂量施用触杀型土壤处理除草剂。

2. 露地蔬菜

可供选择的除草剂种类较多,本文中介绍的大多数除草剂均可选用。

3. 大棚蔬菜

不得使用除草剂。若必须用药,宜在播前或播后苗前低剂量施用土壤处理除草剂,如地乐胺、大惠利等。

4. 干旱地区蔬菜地

在干旱蔬菜地应用土壤处理除草剂,如效果得不到保证,可改用叶面处理剂。但叶面处理剂喷施期与采摘蔬菜期之间应留有足够的安全间隔日数。

5. 多雨地区蔬菜地

多雨地区应以用土壤处理除草剂为主,且用低剂量即可达到控草的目的。不提倡用茎叶处理剂。

6. 土壤有机质含量高的蔬菜地

可用土壤处理除草剂,不提倡用茎叶处理除草剂。

7. 贫瘠土壤蔬菜地

避免用土壤处理除草剂,可改用低剂量叶面处理剂,但叶面处理剂喷施期与采摘蔬菜期之间应留有足够的安全间隔日数。此外,乙草胺、赛克津、西玛津、扑草净这些除草剂易产生淋溶,伤害植物的根部,不可在沙土、贫瘠土的蔬菜地中使用。

二、除草剂的应用原则

(一)用 量

一般来说,除草剂的推荐剂量有一个幅度,蔬菜地应用时应取低剂量或中等剂量,严禁用推荐量的高剂量。

1. 根据除草剂特性确定

内吸传导型除草剂,在蔬菜地芽前应用,可以取中等剂量;在苗后应用,应取低剂量。触杀型除草剂,在杂草生长早期喷施,可以取中等剂量;在杂草生长中期喷施,只能取低剂量。例如,在杂草芽前每667平方米用24%果尔50~60克,杂草苗后只能用30~36克。在土壤中持效期长的除草剂用低剂量,持效期短的用中等剂量。例如,除草通、大惠利在土壤中有一定的持效期,用量不宜太高。

2. 根据杂草种类和生育期确定

除草剂用量不同会对杀草谱产生影响。例如,每667平方米用33%除草通250克时,对禾本科杂草及大部分阔叶草,如猪殃殃、萹蓄、藜、苋、繁缕防除效果很好;当用量降到100

克以下时,对猪殃殃、蒿蓄、藜、苋的防除效果很差。可见,若蔬菜田以禾本科杂草为主,除草通的用量可以低一些;如禾本科杂草和阔叶草混生,则需提高用药量。菜田除草剂果尔对阔叶草的除草活性优于对禾本科杂草的除草活性,对苗后早期杂草的活性优于对芽前杂草的活性。以禾本科杂草为主时,每667平方米用果尔50克以上;以阔叶草为主时,果尔用量可以降到30～36克。

3. 根据蔬菜种类确定

种粒较小的直播菜地使用除草剂,剂量要低;种粒稍大的豆类蔬菜地,除草剂用量可适当高一些;移栽蔬菜距收获期较远的,除草剂用量可适当高一些;距收获期较短的,用量要低一些。葱蒜类生育期长,每667平方米果尔的施用量可提高到66克;根茎类、绿叶类菜地每667平方米的施用量以36～40克为好。

4. 根据经济效益确定

大众蔬菜的销售价格较低,对杂草防除的要求不高,使用除草剂可取低剂量。价格高的蔬菜、特种蔬菜,一般不用除草剂。若是杂草严重的特种蔬菜产区,为了达到较高的防除效果,可适当提高用药剂量,但用药时间应当与蔬菜收获时间保持适当的间隔期。如大蒜使用土壤处理除草剂的时间离收获蒜薹和蒜头时间的间隔期至少要达200天。

5. 根据环保要求确定

有些内吸传导型除草剂,高剂量使用时会在作物中产生残留,有的还可能毒化土壤,都不宜取高剂量,而应取对环保无影响的低剂量。高效杀草丹会造成周围地下水发苦,虽然在菠菜上应用比较安全,但也不能为了追求防除效果而提高用药量,亦不能连续使用。

6. 根据土质确定

一般情况下,施用土壤处理除草剂时,土壤有机质含量高,用药剂量需适当提高;有机质含量低,用药剂量应适当降低。壤土地除草剂用量要比粘土地低,沙土地除草剂用量应比壤土地低。这是因为土壤有机质可能将除草剂降解吸附,加速其分解失效。例如,在不同土壤的移栽白菜地,25%恶草灵的用量,粘壤土地每667平方米用140~160毫升,而沙土地每667平方米则用110~130毫升。

7. 根据栽培方式确定

蔬菜苗床直播田,除草剂的用量要低;移栽蔬菜田,除草剂用量可适当提高;地膜蔬菜田,除草剂的用量要适当降低;露地蔬菜田,除草剂的用量要适当提高。大棚蔬菜一般不提倡用除草剂。如50%大惠利在地膜蔬菜田每667平方米为80克,在露地蔬菜田的用量为100克,在大棚蔬菜田的用量50~60克即可。

8. 根据温、湿度确定

温度高时,除草剂用量要低;温度低时,除草剂用量适当高些。土壤湿度大,除草剂用量要低;土壤干燥时,除草剂用量要提高。这是因为,施入土壤中的除草剂,一些被杂草或植物的根系吸收,一些被化学分解了,一些被淋溶,一些被微生物分解,还有一些被土壤胶粒吸附。只有被土壤胶粒吸附的那部分除草剂能发挥除草作用。在土壤湿润条件下,被土壤胶粒吸附的数量和程度高,除草剂被吸附后,通过湿土土壤胶粒表面形成的水膜,形成药膜层。

（二）喷 施 次 数

1. 根据生育期确定

生育期短的蔬菜，不宜喷施除草剂，即使喷也只能喷 1 次，如菠菜、青菜。而大蒜生育期长达 230 天，若有必要，可喷 2 次。

2. 根据杂草状态确定

蔬菜地应用除草剂，应以用土壤处理除草剂喷 1 次为佳。若对菜地杂草种类不明，不宜盲目用土壤处理除草剂，可在杂草苗后早期喷茎叶除草剂，喷 1 次即可。生育期长的蔬菜，早期杂草防除失败的，中期也可再喷 1 次土壤处理除草剂。如大蒜地秋季播种时土壤干燥，施用土壤处理除草剂后效果不好，可以在翌年春季再施用 1 次药。但大部分蔬菜地只喷 1 次药即可。

（三）间 隔 期

为避免除草剂在蔬菜上残留，应尽量提早施用。万一前期未能施用下去，蔬菜生长的中期、后期只能人工除草，不可喷除草剂。同时，种植蔬菜时与上茬使用除草剂也要有一定的间隔期。

1. 频繁采收的蔬菜施用除草剂与蔬菜收获期的间隔期

频繁采收的蔬菜宜使用土壤处理剂，不宜喷茎叶除草剂，更不宜喷茎叶处理内吸传导型除草剂。如果非喷施茎叶除草剂不可时，则在蔬菜收获前至少 15 天内停喷触杀型除草剂，45 天内停喷内吸传导型除草剂。

2. 茎叶喷施除草剂与蔬菜收获期的间隔期

在生育期低于 60 天的蔬菜地严禁使用内吸茎叶除草剂。

生育期 60 天以上、120 天以下的食叶蔬菜,在收获前 45 天停喷内吸传导型除草剂,在 15 天内停喷触杀型除草剂。

3. 施用除草剂与蔬菜种植的间隔期

为了防止除草剂对直播蔬菜的药害,除了在蔬菜播种之前重耙土地之外,还应注意施用除草剂与直播蔬菜播种日期间的间隔期。比如菜地施用果尔后,一般要间隔 60～120 天才能直播蔬菜,间隔 30 天以上才能移栽蔬菜。

(四)施药方法

蔬菜地使用除草剂提倡涂抹法或定向喷雾法,减少除草剂与蔬菜接触的机会。亦可采用喷雾或药土法。保护地蔬菜和大棚蔬菜,严禁用片剂法。

1. 苗 床

一般用喷雾法或药土法。喷雾法每 667 平方米加水量不可太多,以 50～60 升为宜;药土法每 667 平方米拌细土 15～20 千克撒施。苗床不宜用内吸型茎叶喷雾除草剂。

2. 移栽蔬菜

提倡在整地后移栽前以喷雾法喷施土壤处理剂。应适当加大药液量,促进除草剂被土壤胶粒吸附,提高除草效果,同时也利于除草剂的降解。

(五)器械使用

在蔬菜地只能用人工手动喷雾器喷雾。最好专机专用,以防交叉污染。特别是在使用磺酰脲类、咪唑啉酮类以及易对蔬菜产生药害的除草剂,如使用禾大壮、西玛津、赛克津等除草剂后,喷雾器必须彻底清洗,如清洗不净,就会伤害蔬菜。严禁用喷过 2,4-滴丁酯的喷雾器装喷其他除草剂。

为降低对环境的污染,蔬菜地喷施茎叶除草剂时提倡用低容量或超低容量喷雾器。

(六)隔 离 区

1. 苗 床

苗床面积小,喷施除草剂时,应用塑料薄膜将施药区与邻畦蔬菜隔开,以防药剂飘逸污染邻畦蔬菜。

2. 移栽蔬菜

移栽蔬菜品种多,各个品种对除草剂的敏感程度不同,因而在不同接畦蔬菜地喷施除草剂时,应留有一定的隔离区。一般在使用 1.3 毫米孔径喷头手动喷雾器时,如果是上风施药,与不同接畦蔬菜至少要间隔 50 米;如果是下风施药,与上风不同接畦蔬菜至少要间隔 5 米。若使用 1 毫米孔径喷头喷雾器,隔离区还要大一些。

三、除草剂的喷施技术

除草剂的使用方法有两种,即杂草茎叶处理和土壤处理。土壤处理又可分为播前土壤处理和播后土壤处理。

(一)杂草茎叶处理

杂草茎叶处理是将除草剂直接喷施在杂草茎叶上,因此要在杂草出苗后进行。使用除草剂作杂草茎叶处理时,应该保证农作物绝对安全。需要用灭生性除草剂防除杂草时,应实行苗前处理或定向喷雾,并在喷雾器上装上挡板或防护罩,使药液只能喷施到行间杂草上,但不能接触到农作物。在农作物高大时,要压低喷头喷药;有风时,要防止药滴飘移到邻近的敏感农作物上;对杂草要防止漏喷。为了增加用药效果,可在药液中加入药量 0.1% 左右的湿润剂、展着剂,如常用的洗衣粉等。

低容量或超低容量喷雾法,近年来已成为一项新的施药技术。一般不用加水,可节约用药,操作方便,劳动强度低,效果好。

（二）土 壤 处 理

土壤处理,就是将除草剂用喷雾、喷洒、泼浇、浇水、喷粉或毒土等方法,施到土壤表层或土壤中,形成一定厚度的药土层,接触杂草种子、幼芽、幼苗或其他部分,使药剂被杂草吸收,从而杀死杂草。一般多用常规喷雾处理土壤。

四、除草剂的混用技术

除草剂的不同品种都有各自的特点,选择性、杀草范围、吸收传导和杀草原理等都有所差别。实践证明,在一个地方长期使用一种或同一类型的除草剂,杂草的抗性逐渐增加,农田杂草群落会发生变化,致使化学除草的难度增加。为此,采用两种或两种以上除草剂混用的剂型,在生产上已大量应用。

（一）除草剂的混合作用

1. 扩大杀草范围

农田杂草种类繁多,阔叶杂草和单子叶杂草、一年生杂草和多年生杂草常混合生长,而每一种除草剂又有一定的杀草范围,因而把不同选择性和不同作用部位的除草剂科学混合使用,杀草谱明显扩大。如虎威和稳杀得混用,则可同时防除豆科作物田一年生的单子叶杂草和阔叶杂草等。

2. 延长施药适期

除草剂混用后,比各种除草剂单用的施药适期长。

3. 降低残留毒性

除草剂合理混用后,残留毒性小,残效期短,对农作物安全。如阿特拉津能防除玉米田多数杂草,对玉米安全,但对下茬玉米以外的多种农作物有药害,若将阿特拉津和乙草胺混用,除草效果可达95%左右,对下茬农作物无药害。赛克津是大豆田除草剂,但易被大豆吸收而产生药害,若将赛克津与氟乐灵混用,不但对大豆田杂草防除效果好,而且对大豆安全。

4. 提高除草效果

除草剂合理混用后,具有明显的增效作用。如都莠混剂(都尔加莠谷隆)具有酰胺类和取代脲类除草剂的作用,防效提高,杀草谱扩大,可防除大多数一年生单子叶和阔叶杂草。

5. 增产作用明显

除草剂科学混用后,除草效果明显,对农作物安全,增产比较明显。

(二)除草剂混用原则

第一,混剂必须有增效或加成作用,并有物理化学的相容性,不发生分层和凝结,对农作物不产生抑制和药害。

第二,各混用单剂的杀草谱要有所不同,以增加作用部位,扩大杀草范围。但各单剂的使用时期及施药方法必须一致。

第三,各混用单剂要坚持速效型与缓效型相结合,触杀型和内吸型相结合,残效期长的和残效期短的相结合,在土壤中扩散性大的和扩散性小的相结合,杂草吸收部位不同的相结合。

第四,除草剂混用组合选择和各单剂的用量,要根据田间杂草群落、种类、发生程度,土壤质地、有机质含量,农作物种类、农作物生育期等因素而确定;除草剂混用量应为单剂用量的 1/3~1/2,绝不能超过在同一农作物田的单用量,才能达到经济、安全、有效的目的。

除草剂混用的效果,受到多种因素的影响,大面积应用混剂时要按不同比例在不同条件下,先做小面积试验,取得可靠的除草效果及药害等数据,确定最佳比例,并待除草效果稳定后,再进行大面积应用推广。

五、使用除草剂存在的问题与对策

(一)使用除草剂存在的问题

1. 毒性与污染

除草剂和杀虫剂、杀菌剂等一样都是有毒的,它具有残留,对土壤、水源、环境等有残留毒性,有的除草剂还有致畸、致癌、致突变的作用。

2. 作物药害

在使用选择性除草剂时,特别是具有挥发性的除草剂,对一些作物是安全的,行之有效的,但对另一些作物则可能会形成药害。

3. 杂草抗性

多年连续使用某一种选择性除草剂,在选择性除草剂的作用下,杂草群落中的抵抗力和适应性强的个体被保留下来,这样年复一年,形成了抗性较强的杂草群落。

4. 杂草群落变化

长期使用同一种或同一类除草剂,会改变杂草群落。在除草剂的选择作用下,杀草谱范围内的杂草在杂草群落中逐渐减少,而杀草谱以外的杂草种群却在不断增加,原来的杂草群落类型就被新的杂草群落取代,使杂草群落发生变化,出现新的杂草群落。

5. 病虫害的变化

长期连续使用同一种或同类型除草剂,也将引起作物病虫害的变化。例如,在美国多年来使用克草猛、阿特拉津等药剂后,加重了幼苗立枯病的发生。

(二)解决措施

除草剂在农业生产中的应用,推动了农业生产的发展,在减少投资、节省人工和时间、增加产量、提高经济效益、解放农业劳动力等方面起到了巨大作用。但由于科学技术水平的限制,出现了许多问题。随着科学的发展,对使用除草剂出现的问题,应采取相应的对策。

1. 实行综合除草方法

对某一种杂草或某一类杂草的防除,要把农业防除、化学防除、生物防除等密切配合起来,综合治理,有效控制杂草的危害,防止杂草在单独使用化学除草剂时出现的各种问题。

2. 发展高效、低毒的除草剂新品种

为了克服除草剂在使用中出现的问题,世界各国许多科研和生产部门都在开发活性高、用量少、杀草谱广、选择性强、对作物安全的除草剂新品种。

3. 尽量选用苗后高效选择性除草剂

苗后高效选择性除草剂的优点是苗后根据草情可选用不

同的品种,这样对症下药除草,可减少盲目性。如大豆田由于单子叶杂草生长旺盛,可用稳杀得、禾草克等防除。

4. 应用除草剂混用品种

除草剂的品种较多,每种除草剂都有特定的杀草谱。但农田杂草的群落类型是多样的,一种除草剂很难把所有的杂草全部杀死。因此,应多使用复混除草剂,这样既可扩大杀草谱,又可降低除草剂的使用次数和成本。常见的复混除草剂品种有禾田净、禾宝等。

5. 合理使用除草剂

使用除草剂时,要查清农田的杂草种类,了解除草剂的适用范围,注意施药时间和方法。要看除草剂是土壤处理剂还是茎叶处理剂,并按其作用合理使用。如除草醚是土壤处理剂,若用于茎叶喷雾,效果不佳,且对作物有药害;高效盖草能是茎叶处理剂,用于土壤处理则效果不佳。

第四章 菜田除草剂药害的
识别和药害防治

应用化学除草剂防除杂草是现代高效农业的重要标志之一。除草剂可以通过植物形态、时差、位差、生理、生化等选择作用来达到保护作物防除杂草的目的。然而,这些选择作用与各种环境因素、植物的生物学特性、除草剂特性及使用技术等有极为密切的关系。在一定条件下,药效与药害是可以相互转化的。即使是同一种选择性的除草剂,用量又相同,但在不同的使用条件下,也可以对作物造成伤害,这种伤害称为除草剂药害。

近年来,我国蔬菜田化学除草的面积日趋扩大,显著提高了劳动效率,但因使用除草剂所产生的作物药害问题也日趋严重。准确识别除草剂药害,防止药害的发生,对蔬菜生产具有重要意义。

一、除草剂药害的类型

由于所用除草剂的种类以及作物对各种除草剂的敏感性不同,除草剂对作物所引起的生理、形态反应及药害反应也不同。除草剂反应在作物上的药害可分为以下几个主要类型。

(一)按发生药害的时期分类

1.直接药害

直接药害是因使用除草剂不当,对当时、当季作物造成的药害,例如扑草净使用量过高对韭菜造成的药害。

2. 间接药害

间接药害是因使用除草剂不当,对下茬、下季作物造成的药害;或者是前茬使用的除草剂残留,引起本茬作物药害,例如甜玉米田使用莠去津对下茬辣椒造成的药害。

（二）按发生药害的时间分类

1. 急性药害

急性药害是指施药后数小时或几天内即表现出症状的药害,例如使用 2,4-滴丁酯对黄瓜的药害。

2. 慢性药害

慢性药害是指施药后两周或更长时间,甚至在收获产品时才表现出症状的药害。

（三）按药害症状性质分类

1. 隐患性药害

药害并没有在形态上明显表现出来,难以直观测定,但最终造成产量和品质下降。

2. 可见性药害

即外观的、肉眼可以分辨的在作物不同部位的形态上的异常表现。这类药害中还可分为激素型药害和触杀型药害。激素型药害主要表现为叶色反常、变绿或黄化,生长停滞,矮缩,茎叶扭曲,心叶变形,直到死亡。例如,2,4-滴丁酯、2甲4氯、百草敌、使它隆等所引起的药害。触杀型药害主要表现为作物组织出现黄、褐、白色坏死斑点,直到茎、鞘、叶片及组织枯死。如百草枯、敌草隆等除草剂引起植物叶片发生红、黄、灰、白等坏死症状。

二、除草剂药害产生的原因

在除草剂大面积使用过程中,诱发对作物产生药害的因素多种多样,有些是由一种因素造成的,有些则是多种因素综合作用造成的。概括起来主要有以下几种。

(一)使用不当

1. 过量使用或误用

这种情况主要发生在无专业技术人员指导下,过量加大单位面积的用药量,例如有的农民将马铃薯田扑草净的每667平方米用量加大到200克,结果造成马铃薯的严重药害。误用除草剂的实例就更多了。有的农民因药瓶标签脱落,误将2,4-滴丁酯当作乐果喷洒于黄瓜秧上防治蚜虫,结果虫子没杀死,黄瓜却死光了。还有的农民对灭生性除草剂草甘膦不了解,在蔬菜栽后喷施,虽然杀死了杂草,但同时蔬菜也被杀死了。

2. 农事操作不当

使用土壤处理除草剂后,无论是水田还是旱田,都不应破坏药土层,否则不仅影响药效的正常发挥,而且易造成药害。例如小葱经催芽播种后,立即喷(撒)恶草灵就会对小葱产生药害。

3. 施药器械使用不当

在田间作业前对喷药器械缺乏精确的调试,喷嘴流量不畅,造成重叠喷药或粒剂、粉剂撒施不匀等,都能对作物产生药害。例如胺苯磺隆用于油菜田除草,如果出现重复施药区,不但油菜生长会受到抑制,而且还会对下茬水稻、玉米、棉花等造成残留药害。甜玉米田莠去津喷洒不均匀,重复喷药区的下茬白菜、萝卜等就会遭受药害,严重的可导致作物成片死亡。

4. 用药时期或时间不当

不适时用药,使除草剂与作物敏感期吻合,从而造成药害。例如,在茄子、番茄、青椒、白菜等蔬菜田使用仙治,应在移栽前作土壤处理,如果进行播后苗前施药,尤其是药剂用量大和空气湿度大时容易产生药害。又如当年播种的小菠菜和刚发芽的宿根菠菜田,使用氟乐灵会导致严重药害。氟乐灵在中午高温时喷洒会很快挥发,可导致临近敏感作物产生药害。

5. 施药方法不当

小麦田使用燕麦畏时由于混土深度不当,与油菜、豌豆等蔬菜播种深度同位,可导致药害。此外,茎叶处理的除草剂,加入表面活性剂并用大水量喷洒,药液在阔叶作物的叶缘聚积,也易产生药害。

6. 施药间隔期不当

同一种作物应用两种药剂时,施药期间隔太近也能引起药害。例如,毛豆田播前使用灭草猛,苗后再用扑草净,可使毛豆严重受害。用杀线虫剂处理土壤后,再使用氟乐灵等二硝基苯胺类除草剂,会使芸豆等受害。赛克津与马拉硫磷或西维因前后间隔 3 天连用,可加重赛克津对番茄的药害。宝成与有机磷类杀虫剂短时间内连用,可加重宝成对甜玉米的药害。

7. 混用不当

一种除草剂与另一种除草剂或杀虫剂、杀菌剂混用不当时,也会造成药害。例如将苯达松与禾草灵、拿捕净及有机磷杀虫剂混用,可引起苯达松对毛豆的药害。不同剂型的农药混用,如乳油和可湿性粉剂混用,农药的物理化学性状经常会发生变化,也有可能会造成药害。

(二)药剂挥发与喷雾药滴飘移

使用除草剂时,药液或药粉会向邻近田块飘散,如果邻近田块的作物对该除草剂敏感,或正处于敏感生育期,就有可能造成药害。稻田使用禾大壮、2甲4氯、西草净时,由于挥发作用,会使毗邻的黄瓜产生药害。百草枯或农达用于蔬菜田田埂除草,遇风大的时候,雾滴飘移到蔬菜上可以造成药害。用2,4-滴丁酯或百草敌进行麦田茎叶处理时,小雾滴会随风飘移到附近敏感作物上,经常发生药害。尤其是阔叶作物如番茄、黄瓜、莴苣、马铃薯、豌豆、胡萝卜、西瓜等,更易发生飘移药害。此外,快杀稗、2甲4氯、氟乐灵、禾大壮、禾草克、速收、森草净等都可以因飘移造成药害。

(三)环 境 因 素

1. 温 度

因气温异常诱发除草剂药害的实例很多。高温可诱发药害,低温也可以诱发药害,气温急剧变化时更容易导致药害。例如在豌豆、蚕豆等豆科蔬菜田使用西草净,施药时气温超过30℃时会产生药害。高温时使用扑草净,也容易发生药害,这主要是因为高温使植物对药剂的触杀与吸收作用加快,蔬菜对扑草净不能及时降解。甜菜宁在气温低于20℃时,不仅影响药效发挥,还易导致药害。使用都尔或拉索后,当土壤过湿和低温时,会导致毛豆幼苗产生药害。

2. 湿 度

大气相对湿度及土壤湿度与除草剂药害亦有关系。例如在高温下使用西草净,如果大气湿度低,药害就重些。对于旱田除草剂,在高湿条件下,一方面有利于药效的发挥,另一方面也容易造成除草剂药害。因为高湿条件下作物叶片组织柔嫩,角质层薄,细胞间隙大,有利于除草剂向植株叶片内渗透;另外在高湿条件下,飘移到作物叶片上的药液干燥慢,也利于除草剂向叶片内渗透。部分旱田除草剂在干旱的条件下,也会造成严重药害。例如灭草松在极度干旱的条件下使用容易造成药害。茅毒应用于毛豆田,在气候干旱时会导致毛豆药害。

3. 光　照

光照强度不仅影响某些除草剂的药效发挥,同时也影响到除草剂药害的产生和药害发展速度。百草枯在弱光下药害症状表现不明显,在强光下药害症状就很快表现出来。番茄出苗后喷洒赛克津,如果施药前弱光,施药后强光,植株鲜重和干重都会明显下降。

4. 水　层

蔬菜田水层控制不当,使作物组织较长时间浸泡在除草剂溶液中,虽然药效发挥较好,但也容易产生药害。如禾大壮在水田中使用需要有水层才能发挥药效,但在蔬菜芽期淹水情况下易产生药害。恶草灵、丁草胺等除草剂也有类似问题。

5. 土　壤

对土壤处理除草剂来说,土壤质地、有机质含量及盐分等均与药害关系密切。一般来说,土壤对除草剂吸附力越大,越不容易产生药害,而吸附力大的土壤一般是有机质含量较高、粘土成分较多的土壤。例如用赛克津防除马铃薯田杂草,在土壤有机质含量低于2%时不宜使用,否则会造成药害。利谷隆等在轻质土壤中常因降水量大而将药剂淋溶到土壤深层,从而产生药害。但是,对于那些持效期很长的除草剂来说,如莠去津、西玛津、氟乐灵、绿黄隆、虎威、普杀特等,在土壤有机质含量偏高的土壤中,可被土壤胶体大量吸附,导致对下茬作物的药害。土壤盐分过大也会促使一些除草剂产生药害。如用绿麦隆在豆科作物田播后苗前作土壤处理,可取得良好的效果,但如在盐碱地使用就会发生药害。

三、除草剂药害的识别

除草剂有许多种类,蔬菜对除草剂的敏感性也不同,所以不同种类除草剂对各种蔬菜的药害症状也各异。触杀型除草剂常引起黄化、焦枯等症状,蔬菜形态改变一般较小;内吸型除草剂,特别是激素型除草剂,可使蔬菜形态发生剧烈变化。同一种植物的不同器官,同一器官的不同组织,甚至同一组织的不同细胞,对除草剂的反应速度和范围也不相同。所以除草剂药害具有多样性和多变性。然而同一化学类型的除草剂,由于其作用机理相同或相似,对蔬菜的药害症状往往具有相似性。认识除草剂对蔬菜的药害症状,有利于正确评价除草剂的安全性,同时也可以借助药害症状推断导致药害的除草剂种类或品种,以便迅速采取减轻药害的措施和恰当的补救办法。

(一)苯氧羧酸类除草剂的药害症状

苯氧羧酸类除草剂是典型的激素型除草剂,常用品种有2,4-滴和2甲4氯,主要用在甜玉米等禾本科作物田防除阔叶杂草。2,4-滴一般被制成金属盐或酯,其微剂量(小于0.001%)对植物有刺激生长作用,高剂量(大于0.01%)对植物产生强烈的抑制作用,打破植物体内源激素的平衡,严重破坏植物的生理功能,使植物根、茎、叶、花和果实畸形,甚至导致整个植株死亡。敏感作物叶片、叶柄和茎尖卷曲,茎基部变粗,肿裂霉烂。根受害后变短变粗,根毛缺损呈"刷毛状",水分与养分的吸收和传导受到影响。例如番茄接触少量 2,4-滴,叶柄扭曲,叶片反转。如用药剂量提高,则番茄茎扭曲变形,叶片呈鸡爪状,茎和茎基部肿胀开裂,根畸形,叶色加深,一般不产生枯死斑。植物对 2,4-滴丁酯反应更为强烈。黄瓜遭受 2,4-滴丁酯飘移药害,叶严重扭曲、卷缩,生长点向下弯曲;受害蔬菜症状可持续 1 个月左右,甚至更长。甜玉米苗后使用 2,4-滴丁酯过量、过早或过晚(适期为 4~5 叶期),常引起药害,症状为叶片卷曲,形成葱状叶,雄穗很难抽出,茎脆而易折,叶色深绿,气生根畸形,不能入土,严重时叶枯黄,无雌穗。豆科蔬菜受害后叶片皱缩、加厚,叶柄与茎弯曲,或产生带状单叶,叶脉平行,叶片偏上性生长,形成杯状,顶芽与侧芽生长严重受抑制,叶缘与叶尖坏死。2 甲 4 氯虽比 2,4-滴丁酯安全,但环境条件不利时也可造成药害,症状同 2,4-滴丁酯。

(二)芳氧苯氧丙酸类除草剂的药害症状

芳氧苯氧丙酸类除草剂在我国蔬菜田常用的品种有禾草灵、稳杀得、禾草克、盖草能、威霸等,是防除禾本科杂草的高效除草剂,可通过根、茎、叶内吸传导,以茎叶吸收为主。该药被植物吸收后,多水解为酸,积累于幼嫩的分生组织,干扰植物三磷酸腺苷的产生和传递,抑制脂类代谢,破坏细胞分裂和光合作用,使植株死亡。所有阔叶蔬菜均具有高度抗性,生化选择性较强。但 10%禾草克在高温条件下对毛豆有触杀性药害,叶片出现灼烧斑点。5%精禾草克(不含无活性异构体)则安全。禾本科作物对该类除草剂十分敏感,禾本科植物受药后48 小时即可出现中毒症状,首先停止生长,5 天左右芽和节的分生组织出现枯斑,心叶和其他叶片逐渐变成紫色或黄色,心叶极易拔出,10 天后枯萎死亡,一般无触杀性药斑。这类除草剂都是抗激素型除草剂,不能和 2,4-滴丁酯、麦草畏、苯达松及吲哚乙酸等混用。

（三）苯甲酸类除草剂的药害症状

苯甲酸类除草剂为激素型除草剂,其作用机制与苯氧羧酸类除草剂相似。主要品种包括豆科威、敌草索等。该类除草剂在沙质土壤中容易导致药害。药害症状和 2,4-滴丁酯的药害症状类似,受害作物叶片和茎部弯曲,茎基部变粗,根部发育受阻,粗而短,新根和根毛少,导致根系不能入土。毛豆对豆科威非常敏感,遭受飘移药害叶片变窄,形成杯状叶,后期叶片变得粗糙而坚韧。

（四）酰胺类除草剂的药害症状

酰胺类除草剂常用品种包括乙草胺、丁草胺、甲草胺、异丙甲草胺、大惠利、毒草胺等,多数为土壤处理剂,对防除一年生禾本科杂草有特效。禾本科植物由胚芽鞘吸收药剂,阔叶植物由下胚轴吸收药剂。药剂被吸收后在植株体内传导,主要积累在植物的营养器官内。主要抑制发芽种子 α-淀粉酶及蛋白酶的活性,抑制营养物质的输送,从而抑制幼芽及根的生长。药害症状通常出现在作物芽期和幼苗期,可导致幼芽矮化、畸形或死亡。毛豆播后苗前用乙草胺、甲草胺作土壤处理,在低温多雨的条件下,会使毛豆叶片皱缩,表面粗糙,中脉变短,单叶呈心形,或形成杯状叶,植株矮化,叶色偏淡。乙草胺对毛豆的安全性不如甲草胺、异丙甲草胺和毒草胺。甜玉米受害,常使叶鞘不能正常抱卷,心叶扭曲成鞭状,难以正常抽出,茎节肿大。

（五）二硝基苯胺类除草剂的药害症状

氟乐灵、地乐胺、除草通等均为二硝基苯胺类除草剂，都是土壤处理剂。对药剂的吸收，禾本科植物主要以幼芽（胚芽鞘）吸收，阔叶植物主要以下胚轴吸收。药剂被植物吸收后，从根向芽的传导极其有限。在该类除草剂作用下，根尖与下胚轴受到抑制，皮层薄壁组织中细胞异常增大，细胞壁变厚。由于细胞极性丧失，细胞内液泡形成逐渐增强，根的最大伸长区开始放射性膨胀，从而造成根呈鳞茎状。毛豆受氟乐灵药害以根部症状最为典型。初生根根尖肿胀，根短、变粗或呈鳞茎状，根毛少，毛豆无根瘤，根系发育严重受抑制，极易拔出。茎基或下胚轴膨胀成棒槌状。地上部生长发育受抑制，叶片小，不舒展，明显矮化。禾本科植物次生根发育极差，短而膨大或畸形，幼芽扭曲。稗草芽期多在土壤中死亡，即使出土，芽也受害呈"鹅头"状。氟乐灵混土距播种间隔时间越短，药害越重。这类药剂对禾本科植物的抑制作用比对阔叶植物重。地乐胺和除草通对甜瓜较敏感，特别是薄皮甜瓜。低温药害加重。

（六）取代脲类除草剂的药害症状

取代脲类除草剂常见品种有利谷隆、敌草隆、绿麦隆、伏草隆等。这类药剂除个别品种外，都是光合作用抑制剂，为土壤处理剂，植物对该药以根系吸收为主，通过蒸腾液流，迅速向茎叶传导。种子受害后可以发芽，甚至可以出土，但出土后幼苗会逐渐死亡。阔叶植物药害表现为叶片近基部叶脉处开始失绿坏死。甜玉米则从叶尖或叶缘开始褪绿，逐渐向叶基发展，呈黄绿相间状，最后变褐枯死，植株不会出现畸形。

（七）氨基甲酸酯类除草剂的药害症状

氨基甲酸酯类除草剂常见品种有杀草丹、燕麦畏、灭草猛等。植物对这类除草剂主要是通过幼芽吸收,其对植物的危害主要是抑制植物顶芽及其他分生组织的发育。在禾本科植物中主要是抑制分生组织,使胚芽鞘畸形。对茄子、番茄等阔叶植物的危害症状是植物生长点受抑制,叶片呈杯状。受害轻的蔬菜出土后叶片卷曲,茎肿大,脆而易折断。药剂对植物生长点的影响比根重。例如青豆田使用灭草猛时,如播种过深或遇低温,幼苗的叶片皱缩,生长缓慢。

（八）二苯醚类除草剂的药害症状

二苯醚类除草剂主要品种有杂草焚、果尔、虎威等。这类除草剂可对植物造成触杀性药斑,使局部组织坏死和干枯。但随着植株生长,药害症状逐渐消失,一般情况下不会影响作物的最终产量。青豆田用杂草焚茎叶处理剂,青豆叶表面受害后可产生灰褐色斑点,老叶和嫩叶同样会受到伤害,严重时全株焦枯,但不破坏生长点,过一段时间植株会逐渐长出新叶,并恢复生长。在高温干旱天气喷施虎威,如作物植株受害,叶片产生枯斑,枯斑周围呈红褐色。由于未受害部分继续生长,致使叶片向上卷缩,形成帽状畸形叶,但整个植株不呈畸形。甜玉米受到药液飘移产生药害时,叶片局部坏死、干枯,下部叶片药害更重,心叶基本正常。

（九）三氮苯类除草剂的药害症状

莠去津、西玛津、赛克津、西草净、扑草净等均属三氮苯类除草剂,均为典型的光合作用抑制剂。当使用这类除草剂进行土壤处理时,敏感植物受害后,首先表现为叶尖、叶缘失绿,并逐渐向叶肉扩展,进而黄化、坏死、干枯。其受害过程一般先从下位叶片开始枯萎,再向上位叶片发展。这类药剂均由植物根系吸收,不影响种子发芽,并且多能出土,受害植株在营养耗尽后死亡。植物受害后无畸形症状,根系也不表现异常。用莠去津作杂草茎叶处理时伤及的作物则表现为触杀性失绿,阔叶植物上往往有不规则坏死斑。温度高,湿度大,症状发展迅速。青豆受莠去津残留药害,首先从下部叶片开始失绿、焦枯,叶脉周边常残留绿色,下部叶片较上部叶片受害重。扑草净对甜玉米的药害,也是先从叶尖开始,渐向基部扩展,直到全叶干枯。赛克津是马铃薯、毛豆田优良的土壤处理剂,当遇到用量偏大、有机质含量低和低湿多雨等不利条件时,会使毛豆、马铃薯受害。赛克津对甜玉米安全性很差,出苗的甜玉米受害后从第四片叶开始自下而上陆续显症,叶片黄化、干枯、死亡。有机质含量低于2%或沙性大的土壤,赛克津对毛豆、马铃薯均不安全,与乙草胺配成的混剂对毛豆更不安全。

(十)有机磷类除草剂的药害症状

有机磷类除草剂中常用品种是草甘膦。草甘膦为灭生性除草剂,在植物体内能够迅速传导。对杂草进行茎叶处理可以防治大多数一年生与多年生杂草及灌木。作用机制是抑制苯丙氨酸及酪氨酸的合成,最终导致植物死亡。作物药害多因喷雾飘移产生,药害症状为整株褪绿、坏死、干枯,对非绿色部分无伤害。

(十一)磺酰脲类除草剂的药害症状

磺酰脲类是20世纪80年代初开发成功的一类超高效除

草剂,可被植物根、茎、叶吸收和传导,抑制乙酰乳酸合成酶的活性,使支链氨基酸、缬氨酸、异亮氨酸和亮氨酸不能合成,导致蛋白质合成受抑,最终使细胞有丝分裂不能正常进行,造成植株生长停止。该类除草剂对种子发芽影响不大,也不影响细胞伸长和膨大。目前蔬菜田常用品种有吡嘧黄隆、苄嘧黄隆、氯嘧黄隆、噻黄隆、胺苯黄隆等。植物受害的典型症状是幼嫩组织失绿、黄化,生长点坏死,叶片通常呈紫色或花青素色,植株有时呈偏上性生长,生长受抑制,矮化,最后整株枯死。其症状表现速度缓慢。氯黄隆、甲黄隆飘移可使甜菜、青豆、油菜、茄子等作物发生药害,症状为叶变黄或黄绿相间,叶脉深绿或褐色,植株矮化,脆而易折。青豆使用氯嘧黄隆过量,可使心叶褪绿、坏死,叶脉变褐,植株矮化,推迟成熟。苗后使用不安全,低温多雨及病虫危害条件下药害严重。噻黄隆在青豆苗前使用较安全,苗后使用不安全,青豆 3 片复叶期敏感,症状为心叶变黄,叶皱缩,叶脉、茎秆输导组织变褐色,茎脆易折,受害严重时生长点坏死,10～15 天后可长出分枝,但贪青晚熟,造成严重减产。胺苯黄隆在油菜田作杂草茎叶处理时,在低温高湿条件下易造成药害,受害油菜的症状为心叶变黄,叶脉褐色,植株矮化减产。

(十二)咪唑啉酮类除草剂的药害症状

咪唑啉酮类是一类高活性的选择性除草剂,主要品种有普施特、金豆等。经植物根、茎、叶吸收,在木质部和韧皮部传导,积累于分生组织,抑制乙酰乳酸合成酶的活性,阻止支链氨基酸的合成,导致植物生长停滞而死亡。普施特在土壤中吸附作用小,不易水解,持效期长,可在毛豆播前、播后苗前或苗后早期使用。苗后早期遇到低温多雨或田块积水时会造成药害,症状为叶皱缩、深绿或扭曲,叶脉、叶柄和茎输导组织变褐色,脆而易折,严重时生长点死亡。毛豆3片复叶以后使用对毛豆有抑制作用,施药过晚使毛豆结荚减少。普施特还会导致飘移药害和残留药害,甜菜最敏感,症状为心叶变黄、变褐,大叶脉变褐,叶下垂,块茎变褐,组织坏死,根变黑。甜菜、瓜类、甜玉米会因飘移药害致死。金豆为茎叶处理剂,飘移药害、残留药害也较为突出,症状与普施特的药害类似。

(十三)联吡啶类除草剂的药害症状

联吡啶类为速效性灭生性除草剂,常见品种为百草枯。该药剂带正电荷,遇到土壤易被吸附,但可迅速分解失效。在植物体内不传导,只能作杂草茎叶处理。该药能迅速摧毁植物的叶绿体,破坏膜结构,中止光合作用。药害多因喷雾飘移而产生,药害症状表现为触杀性褪绿、坏死、干枯,对非绿色部分无伤害。晴天阳光充足时迅速显症,但枯死仅限于着药部位。

(十四)环己烯酮类除草剂的药害症状

环己烯酮类是茎叶处理除草剂,品种有拿捕净、收乐通等,对防除禾本科杂草高效,对阔叶作物安全。经植物茎叶吸收、传导,阻止脂肪酸和黄酮类化合物合成,强烈抑制分生组织的细胞分裂。杀草速度慢。杂草茎叶处理后3天,禾本科杂草停止生长,5~7天新叶褪色变红、红棕或紫色,叶尖灼伤,节间变褐,下部叶片凋萎,易于拔出,10天后陆续死亡。禾本科作物药害多由药剂喷雾飘移引起,症状和禾本科杂草相同。

(十五)其他类除草剂的药害症状

快杀稗是一种激素型除草剂,用于水生蔬菜田。施药时药液过浓或重复喷药可导致作物药害,症状为叶色深绿,茎叶畸形,和 2,4-滴所产生的药害症状类似。广灭灵是一种豆田土壤处理剂,喷药飘移可使甜菜等作物受害,症状为植株白化;其残留药害也可使下茬敏感作物产生黄至白化苗。

四、防止产生除草剂药害的方法

除草剂对作物产生药害的原因很多,但主要是在使用时没有严格按规定的使用方法和使用技术用药,或者由于天气条件等的影响而导致的。因此,防止药害的发生,关键在于正确掌握农药使用方法,真正做到科学、合理、安全使用除草剂。

(一)正确掌握除草剂的使用方法和技术

正确掌握除草剂的使用方法和技术,是防止药害发生最关键的措施。

第一,称取药量要准,使用浓度要准,使用药量要准。目前常用的除草剂都加工成不同的剂型和规格,有效含量也不同。如 2 甲 4 氯有 13% 和 20% 两种水剂规格,使用时必须根据它们的有效含量,准确称取药量,然后再准确计算加水或加土稀释至所需的使用浓度和每 667 平方米施药量。有的地方在配制液体农药时,常常用药瓶上的塑料盖作为量取药液的量器,这样很难做到准确计量,也不安全。特别是甲黄隆、绿黄隆等一些超高效除草剂,用量很小,如绿黄隆每 667 平方米用药的有效成分还不到 1 克,如量取稍不准确,就有可能产生药害。使用这一类除草剂,在配制时一定要精细、准确,如是液体则应用量杯或量筒计量,如是固体最好用秤称取;准确称量后,加少量水或土先配成母液或母粉,再按要求加入余量的水或土稀释到所需要的浓度。这样可使药液、药土均匀一致,不致发生药害。此外,药剂的使用浓度和施药量不能随意增加或降低。加水或加土的倍数要按规定严格掌握,如使用浓度需要有较大的变动,先要经过慎重试验,再作更动。

第二,稀释农药的水质要好,特别是乳油除草剂所用的稀释水,要选用江、湖、河水,不能用井水和污水。

第三,几种农药混合使用要科学合理,连续使用要注意时间间隔。药剂自行混合,要十分小心,一定要了解各种农药的理化性质和对农作物的生物反应。例如哒嗪硫磷不能和2,4-滴除草剂混用,异丙威不能和敌稗混用或同时使用。连续使用几种农药,中间必须间隔10天以上,因为不是所有的农药都能彼此混合使用。

(二)全面了解用药田作物对除草剂的敏感性

在对菜田进行化学除草前,必须全面了解不同农作物、作物的不同生长部位和不同的生育期对所用除草剂的敏感性,并有针对性地采取措施,防止产生药害。如地乐胺可安全用在西瓜田,但用于甜瓜田则会导致药害。马铃薯在株高10厘米以下对赛克津抗性强,株高超过10厘米时,对杂草施用茎叶处理剂作物易产生药害。通常作物在幼苗、开花、孕穗期,或生长不良等情况下,抗药力均较差,此时田间一般都不宜施用除草剂。

(三)熟知药剂特性,准确把握施药条件

根据药剂的特性及土质、气温、湿度等环境条件,正确掌握施药时间,这不仅关系到药效,更重要的是避免药害的发生。

五、发生除草剂药害后的补救办法

蔬菜产生药害后,应视情况积极采取相应的补救措施。对于药害十分严重,估计最终产量损失在 60%以上、甚至绝收的地块,应立即毁掉重种或改种其他作物,以免因延误农时,而导致更大的损失;对于药害较轻的地块,可采取以下几种措施来补救。

(一)喷大水淋洗

若是叶面和植株由于喷洒某种除草剂后而发生的药害,而且发现较早,可以迅速用大量清水喷洒受药害的作物叶面,反复喷洒清水 2~3 次,尽量把植株表面上的药物冲刷掉;并增施磷钾肥,中耕松土,促进根系发育,以增强作物恢复能力。同时,由于用大量清水淋洗,使作物吸收较多的水,增加了作物细胞中的水分,对作物体内的药剂浓度能起到一定的稀释作用,也能在一定程度上起到减轻药害的作用。

(二)迅速增施速效肥

在发生药害的农作物上,迅速增施尿素等速效肥料,以增强农作物生长活力,促进早发,加速作物恢复能力。这对受害较轻的种芽、幼苗的效果还是比较明显的。

(三)喷施缓解药害的药物

针对导致发生药害的药剂的药性,喷洒能缓解药害的药剂。如农作物受到 2,4-滴、2 甲 4 氯、杀草丹等除草剂的药害,可在受害作物上喷施 0.05%九二〇溶液。

（四）去除植株药害较严重的部位

迅速去除受害植株较重的枝叶，以免植株体内的药剂继续下运传导和渗透；对受害田块要迅速灌水，以防止药害范围继续扩大。

（五）排水、冲灌

水生蔬菜田出现药害时，应立即排掉含毒田水，并连续用清水冲灌。但排水的办法也不是所有药害田块都能使用，这要根据不同药剂而定，如丁草胺药害，排水、灌水反而更会加重药害。

附　录

附录一　除草剂的同药异名

种类	除草剂名	异名
酰胺类	甲草胺	拉索、草不绿、杂草锁
	乙草胺	禾耐斯
	丙草胺	扫弗特
	丁草胺	去草胺
	都尔	稻乐思、屠莠胺、杜尔、异丙甲草胺
	敌稗	斯达姆
	大惠利	敌草胺
	抑草生	萘草胺
磺酰脲类	苄磺嘧隆	农得时
	苯磺隆	巨星、阔叶净
	草克星	吡嘧磺隆、NC-311
苯氧羧酸类	精禾草克	喹禾灵
	精稳杀得	氟草除、吡氟禾草灵、SL-236
吡啶类	农思它	恶草灵、噁草酮
	百草枯	克芜踪、杀草快

续附录一

种　类	除草剂名	异　名
氨基甲酸酯类	禾大壮	草达灭、环草丹、禾草特
有机磷类	草甘膦	农达、飞达、镇草宁
二硝基苯胺类	氟乐灵	茄科宁
	除草通	施田补
复配类	乙莠水悬浮乳剂	乙阿合剂
	灭草王	新得力，为甲磺隆、苄磺隆的复配剂
	灭草神	乐草隆、野老、稻草宁、稻田清、庄稼汉，为乙草胺、甲磺隆、苄磺隆的复配剂
二苯醚类	果尔	乙氧氟草醚
	虎威	胺草醚
三氮苯类	莠去津	阿特拉津
芳氧苯氧丙酸类	威霸	恶唑禾草灵
其他有机类	拿捕净	稀禾定
	灭草松	排草丹、苯达松

附录二　菜地除草剂的应用

种类	名　称	适用于蔬菜种类	防除杂草种类	每 667 米² 用药量	施药方法
选择性芽前除草剂	33%除草通乳油（又名施田补）	根菜类、白菜类、甘蓝类、瓜类、葱蒜类、豆类	马唐、狗尾草等禾本科杂草及少量阔叶草	100 毫升	整地后定植前或播种后出苗前,均匀喷于土面
	50%大惠利粉剂（又名敌草胺）	白菜类、甘蓝类、茄果类、瓜类、薯芋类、葱蒜类及移栽芦笋、豆类	马唐、狗尾草等禾本科杂草及少量阔叶草及莎草	150 克	整地后定植前或播种后出苗前,均匀喷于土面
	72%都尔乳油（又名杜尔）	茄科、十字花科、菊科、瓜类、薯芋类、豆类	千金子、牛筋草等禾本科杂草及藜苋等双子叶杂草	100～110 毫升	同上
	24%果尔乳油（又名乙氧氟草醚）	茄果类、甘蓝类、瓜类、葱蒜类、豆类、绿叶菜类、薯芋类、白菜类等	禾本科杂草及少量莎草及阔叶草	50 毫升	同上
	50%扑草净可湿性粉剂	绿叶菜类、薯芋类、水生菜、葱蒜韭类及瓜苗定植前	禾本科杂草及少量阔叶草	100 毫升	同上
	40%氟乐灵乳油（又名茄科宁）	豆类、茄果类、薯芋类、甘蓝类	禾本科杂草及少量阔叶草	75 毫升	整地后播种前或定植前,均匀喷于土面后,必须进行耧耙覆土

种类	名　称	适用于蔬菜种类	防除杂草种类	每667米²用药量	施药方法
选择性芽前除草剂	48％地乐胺乳油	豆类、茄果类、薯芋类、甘蓝类	禾本科杂草	150毫升	同上
	25％恶草灵乳油（又名农思它）	甘蓝类、茄果类、白菜类、葱蒜类、瓜类、绿叶菜类、芦笋	禾本科杂草、阔叶草、莎草	120～140毫升	整地后定植前，均匀喷于土面
	50％乙草胺乳油（又名禾耐斯）	茄果类、甘蓝类、薯芋类、葱蒜类、豆类、萝卜	禾本科杂草、莎草	50～100毫升	整地后播种后出苗前，均匀喷于土面
	37％旱草灵乳油	白菜类、甘蓝类、葱蒜类、茄果类、甘薯、油菜	禾本科杂草、阔叶杂草、莎草	90毫升	整地后定植前，均匀喷于土面
	90％高效杀草丹（又名灭草丹）	白菜类、甘蓝类、瓜类、绿叶菜类、甘薯类	禾本科杂草、阔叶杂草、莎草	150毫升	整地后定植前，均匀喷于土面
	5％精禾草克乳油（又名喹禾灵）	葱蒜、韭菜、瓜、豆、甘蓝、绿叶菜、马铃薯	禾本科杂草	50毫升	禾本科杂草2～4叶期喷雾除草
	15％精稳杀得乳油（又名氟草除）	瓜豆类、甘蓝、葱蒜、韭菜、绿叶菜、马铃薯	禾本科杂草	50毫升	同上
	12.5％拿捕净乳油（又名稀禾定）	白菜类、根菜类、绿叶菜类、豆类、芦笋、马铃薯	禾本科杂草	65毫升	禾本科杂草2～3叶期喷雾除草

种类	名　　称	适用于蔬菜种类	防除杂草种类	每 667 米² 用药量	施药方法
选择性芽前除草剂	6.9%威霸乳油	白菜类、甘蓝类、豆类	禾本科杂草	50～70 毫升	禾本科杂草 2～4 叶期喷雾除草
	25%虎威（又名胺草醚）	大豆、甘蓝	阔叶杂草	40～50 毫升	阔叶草 2～4 叶期喷雾除草
	48%苯达松乳油（又名排草丹）	甘蓝、大豆、甘薯	阔叶杂草	170～180 毫升	阔叶草 2～5 叶期喷雾除草
	50%高特克乳油（又名好实多）	甘蓝类及甘蓝类型油菜	阔叶杂草	30～60 毫升	阔叶杂草生长盛期喷雾除草
	20%使它隆	玉米、草坪	阔叶杂草	50 毫升	同上
	10.8%高效盖草能乳油	豆类、甘蓝类、白菜类、茄果类	禾本科杂草	25 毫升	单子叶杂草生长 2～4 叶期喷雾除草
灭生性除草剂	41%农达水剂	空荒地、田埂、塘边	单子叶阔叶草、莎草等杂草	200～300 毫升	杂草生长盛期喷雾除草
	10%草甘膦水剂（又名镇草宁）	同上	同上	500～800 毫升	同上
	20%克芜踪水剂（又名百草枯）	同上	同上	300～400 毫升	同上
	春多多水剂	同上	同上	200～300 毫升	同上

附录三　除草剂在各类蔬菜田的应用时间（美国）

蔬菜种类	除草剂	应用时间		
		播前	苗前	苗后
朝鲜蓟	大惠利	—	—	△
	敌草隆	—	—	△
	果　尔	—	△	△
	拿捕净	—	—	△
	西玛净	—	△	—
石刁柏	麦草畏	—	—	△
	2,4-滴	—	—	△
	大惠利	—	—	△
	敌草隆	—	△	△
	稳杀得	—	—	△
	草甘膦	△	—	—
	利谷隆	—	△	△
	赛克津	—	△	—
	百草枯	△	△	—
	拿捕净	—	—	△
	西玛津	—	△	—
	氟乐灵	—	△	△
菜　豆	苯达松	—	—	△
	敌草索	—	△	—
	都　尔	△	△	—
	菌达灭	△	—	—
	草甘膦	—	△	—

续附录三

蔬菜种类	除草剂	应用时间		
		播前	苗前	苗后
	拉　索	△	△	—
	百草枯	△	△	—
	除草通	△	—	—
	乙丁烯氟灵	△	—	—
	氟乐灵	△	—	—
胡萝卜	稳杀得	—	—	△
	草甘膦	—	△	—
	利谷隆	—	△	△
	赛克津	—	—	△
	百草枯	△	△	—
	地散磷	△	△	—
	氟乐灵	△	—	—
芹　菜	草甘膦	—	△	—
	利谷隆	—	—	△
	拿捕净	—	—	△
	扑草净	—	△	△
	氟乐灵	△	—	—
芸薹属叶菜	敌草索	—	△	△
	大惠利	△	△	—
	草甘膦	—	△	—
	果　尔	△	—	—
	百草枯	△	△	—
	拿捕净	—	—	△

蔬菜种类	除草剂	应用时间		
		播前	苗前	苗后
胡 椒	地散磷	△	△	—
	氟乐灵	△	—	—
	敌草索	—	—	△
	大惠利	△	—	—
	稳杀得	—	—	△
	百草枯	△	△	△
	拿捕净	—	—	△
马铃薯	地散磷	△	△	—
	氟乐灵	—	△	—
	敌草索	—	△	△
	都 尔	△	△	△
	菌达灭	△	—	△
	草甘膦	—	△	—
	利谷隆	—	△	—
	赛克津	—	△	△
	百草枯	—	—	△
	拿捕净	—	—	△
	除草通	—	△	△
	氟乐灵	—	△	△
甜玉米	阿特拉津	△	△	△
	苯达松	—	—	△
	溴苯腈	—	—	△
	溴苯腈＋苯达松	—	—	△

蔬菜种类	除草剂	应用时间		
		播前	苗前	苗后
	2,4-滴	—	—	△
	都　尔	△	△	—
	菌达灭	△	—	—
	草甘膦	—	—	△
	拉　索	△	△	—
	利谷隆	—	—	△
	百草枯	△	△	—
	除草通	—	△	△
	毒草胺	—	△	△
	毒草胺＋阿特拉津	—	△	—
	西玛津	△	△	—
	丁草特	△	—	—
	莠灭净	—	—	△
西葫芦、南瓜	敌草索	—	—	△
	百草枯	△	△	—
	拿捕净	—	—	△
	地散磷	△	—	—
	毒草胺	—	△	—
甘　薯	敌草索	—	—	△
	菌达灭	△	—	△
	稳杀得	—	—	△
	草甘膦	—	△	—

续附录三

蔬菜种类	除草剂	应用时间		
		播前	苗前	苗后
菜用甜菜	乙酰甲草胺	—	△	△
(红菜头)	草甘膦	—	—	△
	杀草敏	—	—	△
	环草特	—	△	—
番 茄	敌草索	—	—	△
茄 子	敌草索	—	—	△
	大惠利	—	△	—
	百草枯	△	△	—
黄 瓜	抑草生	△	△	—
	敌草索	—	—	△
	百草枯	△	△	—
	拿捕净	—	—	△
	地散磷	△	—	—
	氟乐灵	—	—	△
大 蒜	溴苯腈	—	—	△
	敌草索	△	△	△
	稳杀得	—	—	△
	草甘膦	—	△	—
洋 葱	敌草索	—	△	—
	稳杀得	—	—	△
	草甘膦	—	△	—
	果 尔	—	—	△
	百草枯	△	—	—
	地散磷	△	△	—

蔬菜种类	除草剂	应用时间		
		播前	苗前	苗后
绿叶菜	乙酰甲草胺	△	△	—
	敌草索	—	△	—
	稳杀得	—	—	△
	草甘膦	—	△	—
	拿草特	△	△	△
	百草枯	—	△	—
	拿捕净	—	—	△
	环草特	△	—	—
	氟乐灵	△	—	—
莴苣	氟草胺	△	—	—
	草甘膦	—	△	—
	拿草特	△	△	△
	百草枯	△	△	—
	拿捕净	—	—	△
	地散磷	△	△	—
甜瓜	抑草生	△	△	—
	敌草索	—	—	△
	百草枯	△	△	—
	拿捕净	—	—	△
	地散磷	△	—	—
	氟乐灵	—	—	△
豌豆	苯达松	—	—	△
	2,4,5-涕	—	—	△

续附录三

蔬菜种类	除草剂	应用时间		
		播前	苗前	苗后
	都 尔	△	△	—
	燕麦敌	△	—	—
	草甘膦	—	△	—
	禾草灵	—	△	—
	2甲4氯	—	—	△
	2,4-滴	—	—	△
	百草枯	△	△	—
	毒草胺	—	△	—
豌 豆	大惠利	△	—	—
	赛克津	△	—	△
	百草枯	△	△	—
	拿捕净	—	—	△
	地散磷	△	△	—
	克草猛	△	—	—
	氟乐灵	△	—	—

注:△为应用时间

主要参考文献

1．卢盛林等．菜田化学除草剂．北京：知识出版社，1987

2．唐洪元，石鑫．除草剂应用技术．北京：中国农业出版社，1992

3．刘勇，武华国，杨宇红等．蔬菜病虫草害防治实用技术．长沙：湖南科学技术出版社，1997

4．王健．杂草治理．北京：中国农业出版社，1997

5．马奇祥，常中先．农田化学除草新技术．北京：金盾出版社，1998

金盾版图书，科学实用，通俗易懂，物美价廉，欢迎选购

术	7.50元	芹菜优质高产栽培	5.80元
茄子高产栽培	2.00元	芹菜保护地栽培	5.50元
茄子保护地栽培	4.50元	水生蔬菜栽培	3.80元
番茄优质高产栽培法		水生蔬菜病虫害防治	3.50元
（第二版）	4.90元	菠菜莴苣高产栽培	2.40元
番茄实用栽培技术	3.00元	菠菜栽培技术	2.30元
番茄保护地栽培	6.00元	莴苣栽培技术	3.40元
西红柿优质高产新技术	3.50元	韭菜高效益栽培技术	5.80元
番茄病虫害防治新技术	5.00元	韭菜保护地栽培	4.00元
辣椒茄子病虫害防治新		韭菜葱蒜栽培技术（修	
技术	3.00元	订版）	6.00元
新编辣椒病虫害防治	4.80元	韭菜葱蒜病虫害防治技	
辣椒高产栽培（第二版）	4.00元	术	4.50元
辣椒保护地栽培	4.50元	大蒜高产栽培	7.50元
葱蒜茄果类蔬菜施肥技		大蒜栽培与贮藏	4.00元
术	3.50元	洋葱栽培技术	4.00元
茄果类蔬菜嫁接技术	3.50元	生姜高产栽培（修订版）	6.50元
甘蓝（包菜、圆白菜）栽		生姜贮藏与加工	5.50元
培技术	2.40元	萝卜马铃薯生姜保护地	
结球甘蓝花椰菜青花菜		栽培	5.00元
栽培技术	3.00元	山药栽培新技术	6.00元
甘蓝花椰菜保护地栽培	6.00元	马铃薯栽培技术（第二	
绿菜花高效栽培技术	2.50元	版）	5.20元
白菜甘蓝病虫害防治新		马铃薯高效栽培技术	6.00元
技术	3.70元	马铃薯病虫害防治	4.50元
花椰菜丰产栽培	2.00元	魔芋栽培与加工利用新	
菜豆高产栽培	2.90元	技术	6.50元

　　以上图书由全国各地新华书店经销。凡向本社邮购图书者，另加10%邮挂费。书价如有变动，多退少补。邮购地址：北京太平路5号金盾出版社发行部，联系人徐玉珏，邮政编码100036，电话66886188。